中国环境规划政策绿皮书

长江经济带生态环境保护修复进展报告（2018）

Progress Report on Eco-Environmental Protection and Restoration of the Yangtze River Economic Belt（2018）

陆　军　孙宏亮　续衍雪　巨文慧　等 编著

中国环境出版集团·北京

图书在版编目（CIP）数据

长江经济带生态环境保护修复进展报告. 2018/陆军等编著. —北京：中国环境出版集团，2019.5
（中国环境规划政策绿皮书）
ISBN 978-7-5111-3982-5

Ⅰ. ①长…　Ⅱ. ①陆…　Ⅲ. ①长江经济带—生态环境保护—研究报告—2018　Ⅳ. ①X321.25

中国版本图书馆 CIP 数据核字（2019）第 090162 号

出 版 人　武德凯
责任编辑　葛　莉　曹　玮
责任校对　任　丽
封面设计　彭　杉

出版发行　中国环境出版集团
（100062　北京市东城区广渠门内大街 16 号）
网　　址：http://www.cesp.com.cn
电子邮箱：bjgl@cesp.com.cn
联系电话：010-67112765（编辑管理部）
发行热线：010-67125803，010-67113405（传真）
印　　刷　北京中科印刷有限公司
经　　销　各地新华书店
版　　次　2019 年 5 月第 1 版
印　　次　2019 年 5 月第 1 次印刷
开　　本　787×1092　1/16
印　　张　6
字　　数　60 千字
定　　价　42.00 元

《长江经济带生态环境保护修复进展报告（2018）》
编 委 会

执行摘要

长江经济带覆盖上海、江苏、浙江、安徽、江西、湖北、湖南、重庆、四川、贵州、云南等11省（市），面积约205万km^2，人口和生产总值均超过全国的40%，是我国经济重心所在、活力所在。习近平总书记2018年4月26日在湖北武汉召开的深入推动长江经济带发展座谈会上提出推动长江经济带发展是党中央作出的重大决策，是关系国家发展全局的重大战略，因此应坚持共抓大保护、不搞大开发，加强改革创新、战略统筹、规划引导，以长江经济带发展推动经济高质量发展。

2018年2月，生态环境部环境规划院与四川省环境保护厅联合成立了长江经济带生态环境联合研究中心，共17家单位参与研究中心建设。研究中心面向长江经济带生态环境领域重大需求，致力于提高长江经济带生态环境管理水平，为政府制定相关政策及法规提供科学依据和政策建议。研究中心配合生态环境部水生态环境司编制完成了《长江保护修复攻坚战行动计划》，明确通过攻坚，长江干流、主要支流及重点湖库湿地生态功能得到有效保护，生态用水需求得到基本保障，生态环境风险得到有效遏制，生态环境质量持续改善；研究中心按照院领导要求编制完成了《长江保护法（建议稿）》，共有十章七十六条；研究中心积极开展长江生态补偿推进，配合水生态环境司开展了长江入河排污口排查整治等工作。

长江经济带整体环境较好，其中2018年长江经济带达到或优于Ⅲ类水质断面比例为79.2%，较2014年上升11.6个百分点；劣Ⅴ类断面比例1.9%，较

2014年下降5.4个百分点，水质状况由2014年的轻度污染转变为2018年的良好；长江经济带环境空气质量有所改善，整体状况略好于全国平均水平，2018年，长江经济带126个城市平均优良天数比例为83.8%，比全国平均水平高出2.5个百分点；长江经济带耕地土壤环境质量总体不容乐观，局部区域土壤污染严重，中游地区江汉平原、洞庭湖平原、鄱阳湖平原，以及下游地区上海、江苏、浙江等部分区域耕地土壤均存在不同程度汞、铅、镉等重金属污染。

长江经济带各省市空间管控工作有序开展，沿江11省（市）按照“守底线、优格局、提质量、保安全”的总体思路，统筹推进“三线一单”编制工作，构建全流域环境分区管控体系，并实现成果共享与应用，其中生态保护红线方面，长江经济带沿江11省（市）的生态保护红线（陆域）面积约51.8万km^2，约占11省（市）国土面积的1/4左右，四川、云南的生态保护红线面积比例均达到30%以上。

Executive Summary

The Yangtze River Economic Belt covers 11 provinces and cities, including Shanghai, Jiangsu, Zhejiang, Anhui, Jiangxi, Hubei, Hunan, Chongqing, Guizhou and Yunnan. The economic belt has an area of about 205 million square kilometers with both population and GDP exceeding 40% of the country's total, and it is the focus and vitality of our economy. At the symposium on promoting the development of the Yangtze River Economic Belt held in Wuhan, Hubei province On April 26 ,2018, General Secretary Xi Jinping stressed that it is a major decision made by the CPC Central Committee and a major strategy concerning overall national development to promote the development of the Yangtze River economic belt. Therefore we should persist on making all efforts on river protection; avoid excessive development; enhance reform, innovation, strategic coordination as well as planning and guiding in the development of the economic belt; in order to achieve the high-quality economic growth through developing of the Yangtze River Economic Belt.

On February 2018, Chinese Academy of Environmental Planning and Sichuan Provincial Ecology and Environment Department jointly established the United Center for Eco-Environment in Yangtze River Economic Belt, including 17 units participated in the construction of the center. The center is oriented to the major demand of the ecology and environment in the economic belt, and committed to improving the ecological and environmental management level of the economic belt as well as providing scientific basis and policy recommendations for government to formulate relevant policies and regulations. The research center, cooperated with the Department of Water Ecology and Environment of the Ministry of Ecology and Environment, completed the *Action Plan for the Uphill Battle for the Conservation and Restoration of the Yangtze River*. The action plan clearly identified that the ecological functions of the Yangtze River's major stream, major tributaries and key lakes will be effectively protected; ecological water demand will be basically guaranteed; Ecological and environmental risks will be effectively curbed; and ecological and environmental quality will be continuously improved through the battle. What's more, the research center completed *the Yangtze River Protection Law* (*Recommendation Draft*), with a total of 10 chapters and 76 articles, according to the requirements of our institute leadership. It also promoted the Yangtze River ecological compensation, and carried out investigation and improvement of sewage outlets under the cooperation with Department of Water Ecology and Environment.

The overall environment of the Yangtze River Economic Belt is good. By the end of the year 2018, 79.2 percent of the sections under the national monitoring program in the Yangtze River basin are at or better than Grade III national standard, and it's increased 11.6 percentage points than the year 2014. And sections worse than Grade V national standard is 1.9 percent , which decreased 5.4 percentage than 2014. Water quality condition has changed from mild polluted in 2014 to fairly clean in 2018. The ambient air quality of the Yangtze River Economic Belt has also improved and better than the national average. In 2018, the ratio of average good air quality of 126 cities in the economic belt was 83.8%, which is 2.5 percentage points higher than the national average. The cultivated land soil environmental quality is general not optimistic in the economic belt, and in some areas the soil pollution is serious. Parts of cultivated lands in middle reaches, including Hanjiang plain, Dongting lake plain and Poyang lake plain, as well as lower areas of Shanghai, Jiangsu, Zhejiang, etc. are facing different levels of heavy metal pollution such as mercury, lead and cadmium.

The 11 provinces and cities in the economic belt have carried out space management and control in an orderly manner, according to the general idea of " adhere to the environmental bottom line, optimize spatial pattern, improve environmental quality and guarantee environmental security". The governments are balance promoting the preparation work of ecological conservation red line, environmental quality bottom line, resource utilization upper limit (line), and environmental access negative list; constructing a basin-wide environmental zoning management and control system; and realizing achievements sharing and application. In terms of ecological conservation red line, the 11 provinces and cities along the economic belt have defined land ecological conservation red line for about 518000 square kilometers, which is about one quarter of their land area, and the ratios of ecological conservation red line area in Sichuan and Yunnan Provinces are both more than 30 percent.

前 言

长江经济带覆盖上海、江苏、浙江、安徽、江西、湖北、湖南、重庆、四川、贵州、云南11省（市），面积约205万km^2，人口和生产总值均超过全国的40%，是我国经济重心所在、活力所在，也是中华民族永续发展的重要支撑。2018年4月26日，习近平总书记在湖北武汉召开的深入推动长江经济带发展座谈会上提出推动长江经济带发展是党中央作出的重大决策，是关系国家发展全局的重大战略，因此应坚持共抓大保护、不搞大开发，加强改革创新、战略统筹、规划引导，以长江经济带发展推动经济高质量发展。

2018年2月，生态环境部环境规划院与四川省环境保护厅联合成立了长江经济带生态环境联合研究中心（以下简称“研究中心”）。研究中心坚持开放原则，鼓励高校、科研院所和其他省（区、市）环科院参与并整合相关单位的研究力量。研究中心面向长江经济带生态环境领域重大需求，致力于提高长江经济带生态环境质量与管理水平，为政府制定相关政策及法规提供科学依据和政策建议。

为更好地总结研究中心长江经济带生态环境保护修复工作年度开展情况，我们编制《长江经济带生态环境保护修复进展报告》。

本书编委会

2019.3

目 录

1 1 长江经济带水生态环境状况

1 1.1 水环境质量状况

5 1.2 水资源保护情况

7 1.3 水生态环境问题分析

9 2 长江经济带大气环境状况

9 2.1 环境空气质量状况

17 2.2 大气污染物排放状况

22 2.3 大气环境问题分析

27 3 长江经济带土壤环境状况

27 3.1 土壤环境质量状况

28 3.2 土壤环境问题分析

目 录

32 4 长江经济带生态环境保护工作及效果
32 4.1 水环境保护工作及效果
35 4.2 大气环境保护工作及效果
37 4.3 土壤和固体废物环境保护工作及效果
42 4.4 生态补偿工作及效果

45 5 长江经济带生态环境空间管控研究
45 5.1 “三线一单”编制进展
54 5.2 生态保护红线划定情况

63 6 长江保护修复攻坚战情况
63 6.1 攻坚战方案编制过程
66 6.2 攻坚战方案总体内容

目 录

70 7 长江经济带宜居城乡环境建设研究

70 7.1 长江经济带大气污染防治研究

75 7.2 长江经济带土壤污染防治研究

78 附 图

1

长江经济带水生态环境状况

1.1 水环境质量状况

2014—2018 年，**长江经济带区域水环境质量达到或优于Ⅲ类断面比例逐年上升，劣Ⅴ类断面比例逐年下降**。2018 年达到或优于Ⅲ类断面比例为 79.2%，较 2014 年上升 11.6 个百分点；劣Ⅴ类断面比例为 1.9%，较 2014 年下降 5.4 个百分点，水质状况由 2014 年的轻度污染转变为 2018 年的良好。

2014—2018 年，**长江经济带区域主要污染物为总磷、化学需氧量、氨氮，浓度均呈现下降趋势**。其中，高锰酸盐指数年平均浓度由 2014 年的 3.4 mg/L 下降到 2018 年的 2.9 mg/L，降幅为 13.1%，水质类别保持在Ⅱ类。生化需氧量年平均浓度由 2014 年的 2.3 mg/L 下降到 2018 年的 1.7 mg/L，降幅为 26.1%，水质类别保持在Ⅰ类。氨氮年平均浓度由 2014 年的 0.5 mg/L 下降到 2018 年的 0.35 mg/L，降幅为 29.5%，水质类别保持在Ⅱ类。化学需氧量年平均浓度由 2014 年的 14.9 mg/L 下降到 2018 年的 12 mg/L，降幅为 19.2%，水质类别保持在Ⅰ类。总氮年平均浓度由 2014 年的 2.14 mg/L 下降到 2018 年的 2.10 mg/L，基本保持稳定，水质类别始终为劣Ⅴ类。总磷年平均浓度由 2014 年的 0.11 mg/L 下降到 2018 年的 0.095 mg/L，降幅为 13.5%，水质类别由Ⅲ类升为Ⅱ类（图 1-1、图 1-2）。

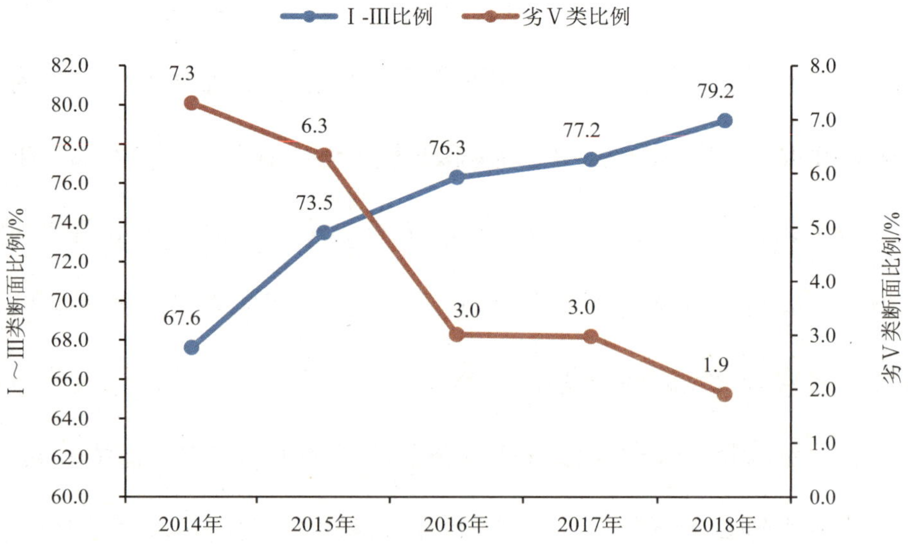

图 1-1　2014—2018 年长江经济带区域水质类别总体状况

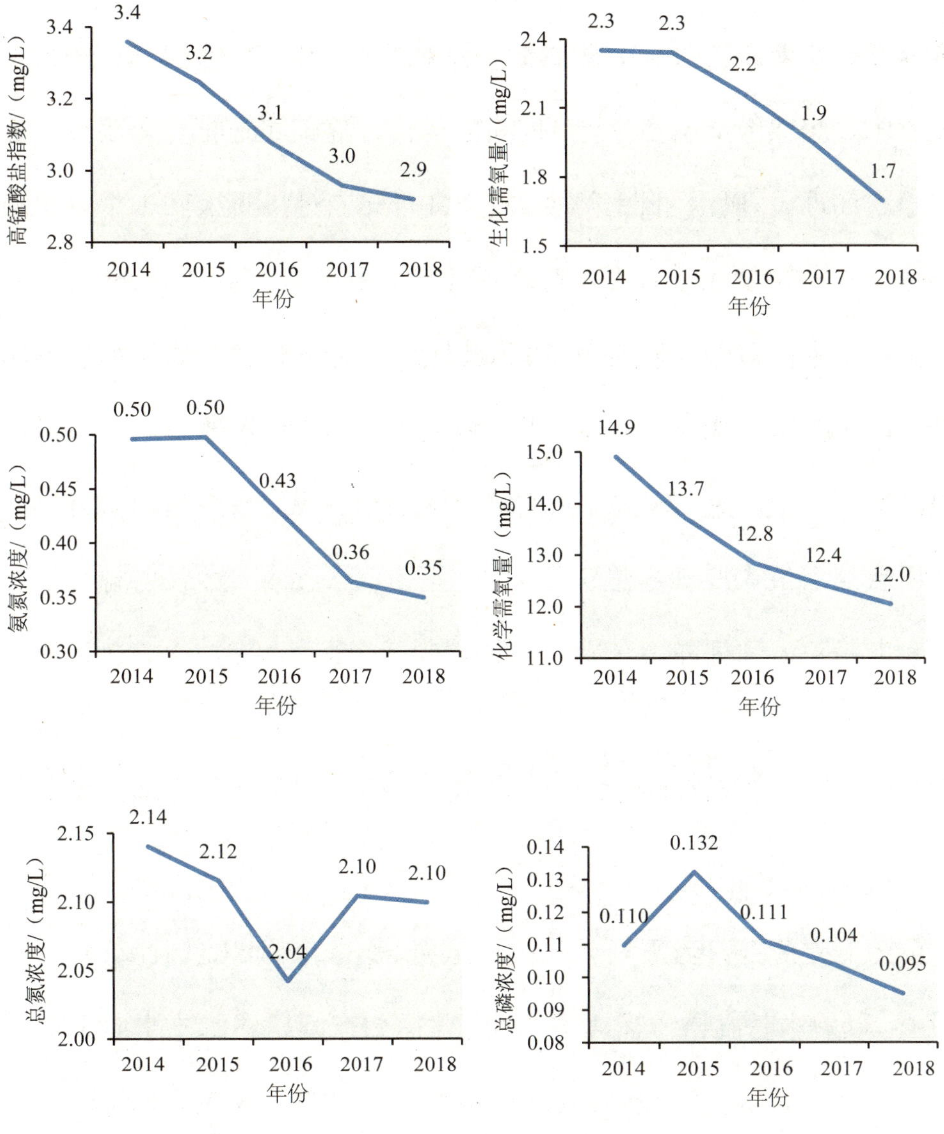

图 1-2　2014—2018 年长江经济带区域主要污染物浓度变化情况

2018 年，**长江经济带区域共有 520 个断面部分月份水质超过Ⅲ类标准，数量呈现明显下降趋势**。根据《水污染防治目标责任书》考核要求，2018 年，有 58 个国控断面年均浓度值不达标，主要分布在安徽、江苏、湖北、云南等省份。其中，5 个湖区连续 12 个月水质不达标，分别是江苏省无锡市、常州市太湖西部水域（总磷超标 0.5 倍）；江西省新余市仙女湖（总磷超标 1.7 倍，化学需氧量超标 0.04 倍）；江西省上饶市鄱阳湖（总磷超标 0.7 倍）；湖北省荆州市洪湖（总磷超标 1.9 倍、化学需氧量超标 1.0 倍、高锰酸盐指数超标 0.2 倍）；湖南省益阳市大通湖（总磷超标 3.3 倍）（表 1-1）。

表 1-1　2018 年长江经济带区域不达标断面数量统计　　单位：个

省市	不达标断面数量
安徽	10
江苏	10
湖北	9
云南	9
贵州	4
湖南	4
江西	4
四川	4

省市	不达标断面数量
浙江	2
重庆	2
上海	0

1.2 水资源保护情况

1.2.1 用水总量情况

2013 年，国务院办公厅印发了《实行最严格水资源管理制度考核办法》，该办法对长江经济带 11 省（市）用水总量提出了明确要求，即到 2020 年，用水总量控制在 2 922.19 亿 m^3 以内。根据 2017 年各省市用水总量分析，江苏和安徽两省用水总量超标，分别超出其 2020 年用水总量控制目标 53.25 亿 m^3 和 19.86 亿 m^3（表 1-2）。

表 1-2　长江经济带 11 省（市）2020 年控制目标及 2017 年用水总量现状

单位：亿 m^3

分区	省市	2020 年用水总量控制目标	2017 年用水总量
上游区	重庆	97.13	77.5
	四川	321.64	267.3
	贵州	134.39	100.3
	云南	214.63	150.2

分区	省市	2020 年用水总量控制目标	2017 年用水总量
中游区	江西	260.00	245.4
	湖北	365.91	282.0
	湖南	359.75	330.4
下游区	上海	129.35	104.8
	江苏	524.15	577.4
	浙江	244.40	181.1
	安徽	270.84	290.7
长江经济带合计		2 922.19	2 607.1

1.2.2 小水电开发情况

长江上游水能资源丰富，目前可开发的水能资源约 1.97 亿 kW，占全国水能可开发量的 53.4%。单站装机容量在 5 万 kW 及以下的水电项目为小水电。由于前期缺乏统筹规划和科学布局，长江上游密集开发的小水电已经严重影响了长江部分河段的水量，破坏了长江的生态系统。截至 2017 年年底，长江经济带已建成小水电 2.41 万座，其中 930 座小水电逾越环评手续开工建设，426 座已报废停运的电站没有拆除拦河坝等建筑物，开发强度大且无序。

1.3 水生态环境问题分析

（1）水污染物排放量大，局部水环境形势不容乐观

根据最新的统计数据，长江经济带废水、化学需氧量、氨氮排放总量分别占全国的 43%、37%、43%，单位 GDP 废水排放量是欧美发达国家的 3～4 倍。部分支流污染严重。乌江、清水江、岷江、沱江总磷存在超标现象；太湖、巢湖、滇池等湖泊水体富营养化问题突出，大通湖污染逐年严重。

（2）生态空间管控能力不足，生态系统退化趋势加剧

城市建设大规模开展，生态空间受到大量挤占。近 20 年来，城镇面积增加约 39%，农田面积减少约 9%，其中中下游城市减少的耕地中有 73%转化为建设用地。长江岸线粗放使用、过度开发，影响生态环境安全。沿江 1 000 m 岸边带城镇面积增长约 52%，下游干流岸线开发利用比例在 40%左右。目前长江尚有 30 多万 km^2 的水土流失面积和 1 亿多亩（1 亩=666.67 m^2）坡耕地未得到有效治理，其中上游地区是我国水土流失较为严重的区域。

（3）资源开发和保护矛盾突出，河湖水文情势变化

水资源不合理开发利用是造成长江诸多生态环境问题的重要原

因之一。除三峡水库外，长江上游金沙江、雅砻江、岷江、沱江、嘉陵江、乌江等六大支流水系共规划了近百个水电站，共分布水库 1.3 万余个。由于梯级电站投入运行隔断河道，显著改变了天然径流的分布，导致长江中下游水文情势发生新变化。与 20 世纪 50 年代相比，长江中游 70%的湿地已经消失，洞庭湖、鄱阳湖湖泊面积减少了近四成，湖泊调蓄能力降低，江湖关系紧张。

（4）沿线风险源分布密集，环境风险防控压力大

石化、化工、医药、纺织印染等高风险、重污染企业沿江密布，结构性、布局性风险突出。沿江 11 省（市）化工产量约占全国的 46%；长江上游成渝经济区 88%的化学工业沿长江干流及岷江、沱江布局；长江中下游 77%的化学工业园区集中分布在长江干流；长江经济带集中了全国 40%的造纸、43%的合成氨、81%的磷铵、72%的印染布、40%的烧碱产能。沿江饮用水安全隐患较大。长江事关近 4 亿人的饮水安全，据国家发展和改革委员会公布的 2017 年入河排污口调查结果，沿江有 2.4 万多个排污口，其中规模以上入河排污口有 8 千多个，取水口和排污口分布犬牙交错，流域内 30%的环境风险企业位于饮用水水源地周边 5 km 范围内，水运交通航道穿越水源保护区现象较多。

2 长江经济带大气环境状况

2.1 环境空气质量状况

《大气污染防治行动计划》（以下简称《大气十条》）实施以来，长江经济带环境空气质量总体有所改善，但大气复合污染形势依然严峻，$PM_{2.5}$ 浓度处于高位，长三角、湘鄂、成渝三个地区环境空气质量不容乐观。

长江经济带环境空气质量有所改善，整体状况略好于全国平均水平。鉴于长江经济带 126 个地级及以上城市（以下简称 126 个城市）全部为 2015 年实施新标准监测时间，本书给出 2015—2018 年长江经济带环境空气质量变化趋势。4 年期间，平均优良天数比例上升 3.2

个百分点；$PM_{2.5}$、PM_{10}、SO_2、CO 平均浓度分别下降 18.8%、14.7%、42.9%、18.8%，但 $PM_{2.5}$ 平均浓度四年连续超标；NO_2 平均浓度基本持平；O_3、SO_2、NO_2、CO 平均浓度实现四年稳定达标，但 O_3 浓度呈逐年上升态势，增加 12.1%。

2018 **年，长江经济带** 126 **个城市平均优良天数比例为** 83.8%**，比全国平均水平高出** 2.5 **个百分点**。$PM_{2.5}$ 年均浓度范围为 14～62 μg/m^3，平均为 39 μg/m^3，超过国家二级标准限值 11.4%，与全国平均水平相同；PM_{10} 年均浓度范围为 27～104 μg/m^3，平均为 64 μg/m^3，比全国平均水平低 9.9%；O_3 日最大 8 h 平均第 90 百分位数浓度范围为 96～194 μg/m^3，平均为 148 μg/m^3，比全国平均水平低 2.0%；SO_2 年均浓度范围为 4～40 μg/m^3，平均为 12 μg/m^3，比全国平均水平低 14.3%；NO_2 年均浓度范围为 9～49 μg/m^3，平均为 29 μg/m^3，与全国平均水平相同；CO 日均值第 95 百分位数浓度范围为 0.7～2.5mg/m^3，平均为 1.3mg/m^3，比全国平均水平低 13.3%（图 2-1）。

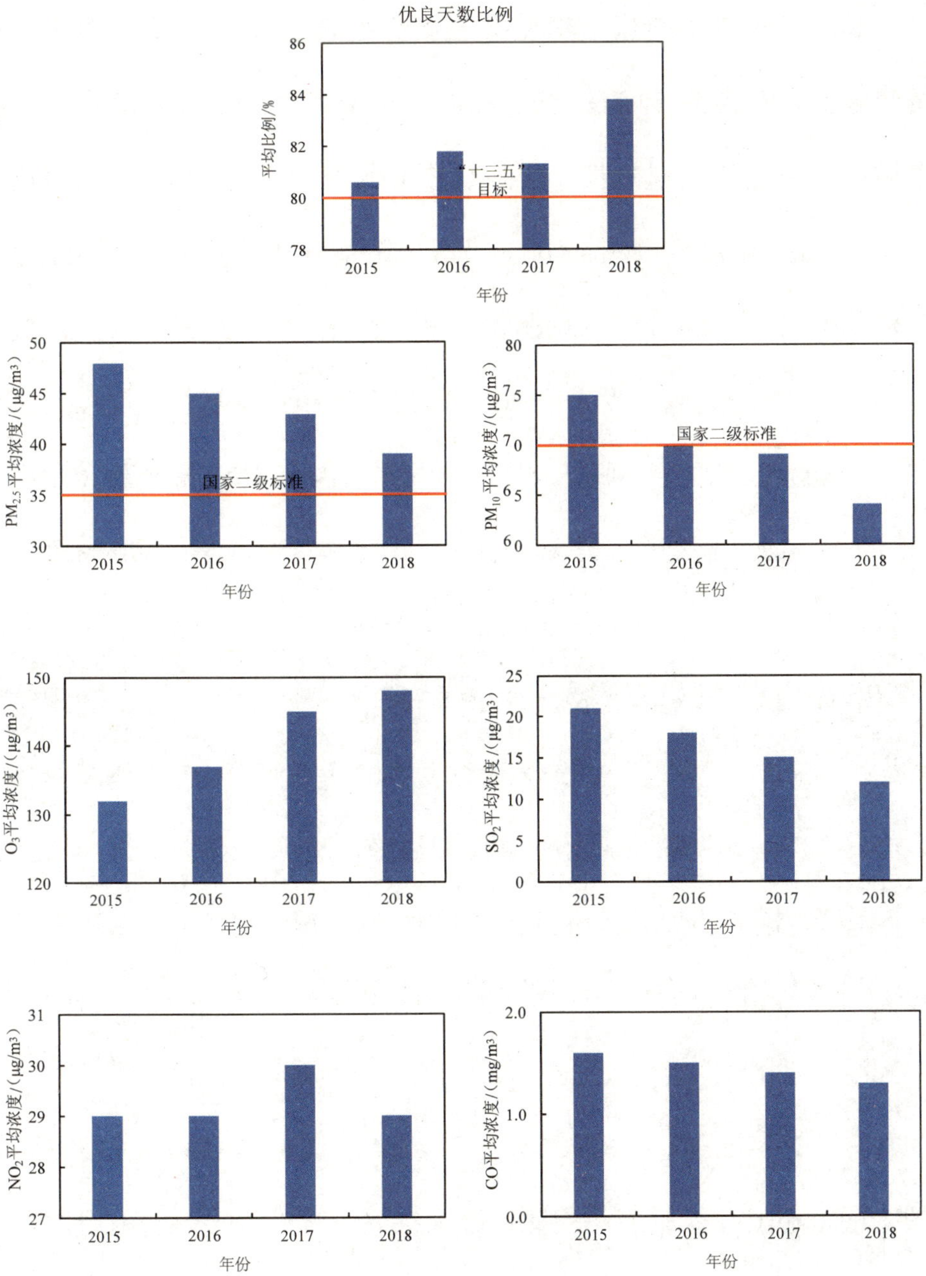

图 2-1　2015—2018 年长江经济带环境空气质量年际比较

长江经济带多数城市环境空气质量超标，$PM_{2.5}$是影响城市空气质量达标的最主要污染物。2018 年，长江经济带 126 个城市中，80 个城市环境空气质量超标，占全部城市数的 63.5%，只比全国平均水平低 0.7 个百分点；仅有 46 个城市环境空气质量达标，占 36.5%；$PM_{2.5}$、PM_{10}、O_3、NO_2 年均浓度超标城市比例分别为 63.5%、33.3%、31.7%、11.1%（表 2-1）。另外，126 个城市平均超标天数比例为 16.2%；48 个城市优良天数比例低于或等于 80%，占全部城市数的 38.1%。

表 2-1　2018 年长江经济带六项空气污染物超标城市数量

区域	省市	地级及以上城市数量	污染物超标城市数量					
			$PM_{2.5}$	PM_{10}	O_3	SO_2	NO_2	CO
长江经济带	上海、江苏、浙江、安徽、江西、湖北、湖南、重庆、四川、贵州、云南	126 个	80	42	40	0	14	0
长三角地区	上海、江苏、浙江、安徽	41 个	33	21	29	0	11	0
湘鄂两省	湖北、湖南	27 个	21	13	7	0	1	0
成渝地区	重庆、四川	22 个	17	7	4	0	2	0

长三角地区、湘鄂两省颗粒物浓度超标程度大、超标城市多，长三角地区、成渝地区 O_3 浓度呈上升趋势。2018 年，长三角地区 41 个城市 $PM_{2.5}$ 年均浓度范围为 22～62 μg/m^3，平均为 44 μg/m^3，超过国家二级标准限值 25.7%，比长江经济带和全国平均水平均高出 12.8%；超标城市比例达 80.5%，比长江经济带和全国平均水平分别高出 17.0 个百分点、16.3 个百分点，仅 8 个城市达标。湘鄂两省 27 个城市 $PM_{2.5}$ 年均浓度范围为 31～61 μg/m^3，平均为 44 μg/m^3，超过国家二级标准限值 25.7%，比长江经济带和全国平均水平均高出 12.8%；超标城市比例达 77.8%，比长江经济带和全国平均水平分别高出 14.3 个百分点、13.6 个百分点，仅 6 个城市达标。

2015—2018 年，长三角地区 41 个城市 O_3 日最大 8 h 平均第 90 百分位数浓度平均值呈逐年上升态势，增加 18.4%，且 2017 年浓度为 167μg/m^3，超过国家二级标准限值 4.4%；成渝地区 22 个城市 O_3 日最大 8 h 平均第 90 百分位数浓度平均值三年稳定达标，但亦呈逐年上升态势，增加 10.3%；湘鄂两省 27 个城市 O_3 日最大 8 h 平均第 90 百分位数浓度平均值三年稳定达标，但总体呈上升态势，增加 4.3%（图 2-2、图 2-3）。

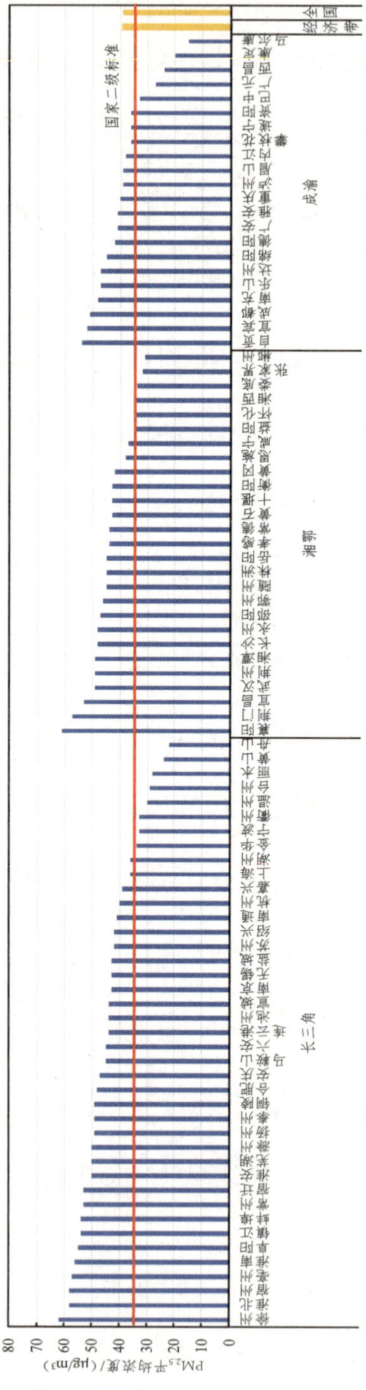
国家二级标准
全国
经济带
成渝
湘鄂
长三角
PM2.5平均浓度/（μg/m3）
0
10
20
30
40
50
60
70
80

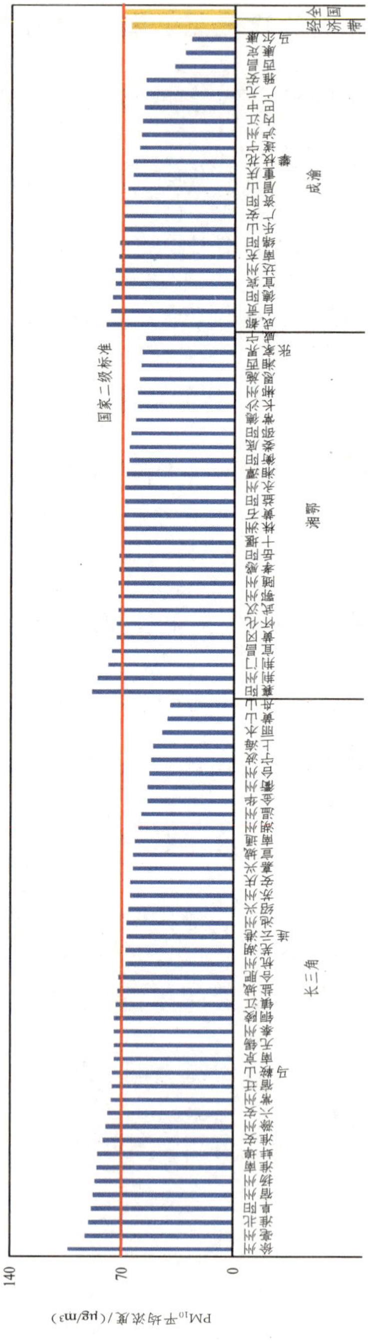
国家二级标准
全国
经济带
成渝
湘鄂
长三角
PM10平均浓度/（μg/m3）
0
70
140

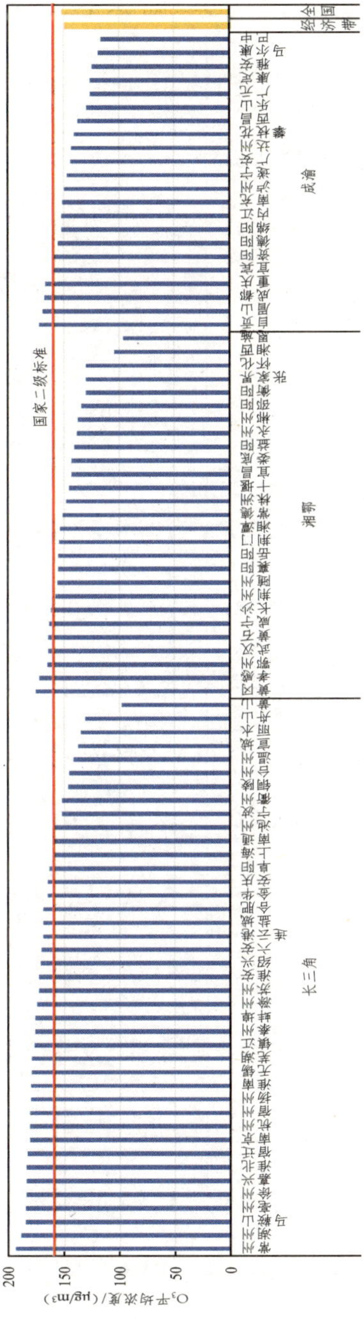
国家二级标准
O3平均浓度/（μg/m3）
200
150
100
50
0
长三角
湘鄂
成渝
经济带
全国

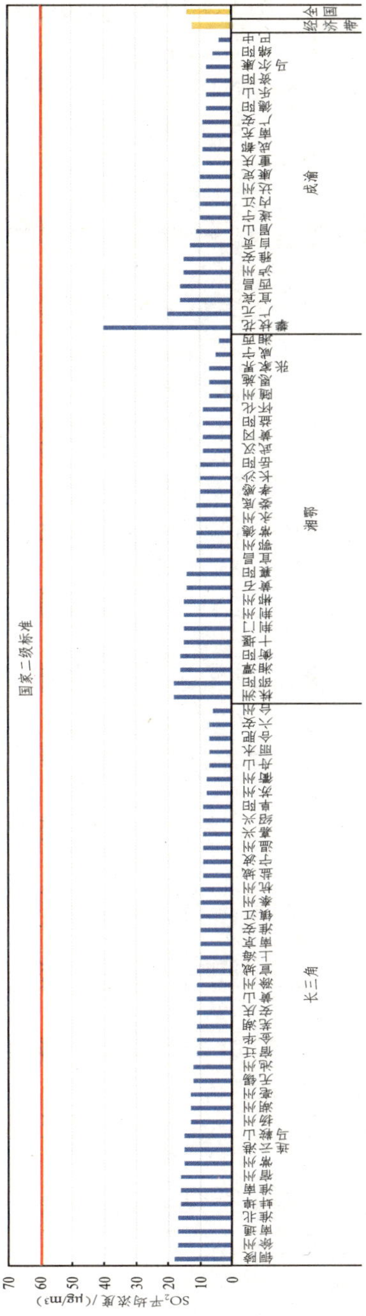
国家二级标准
SO2平均浓度/（μg/m3）
70
60
50
40
30
20
10
0
长三角
湘鄂
成渝
经济带
全国

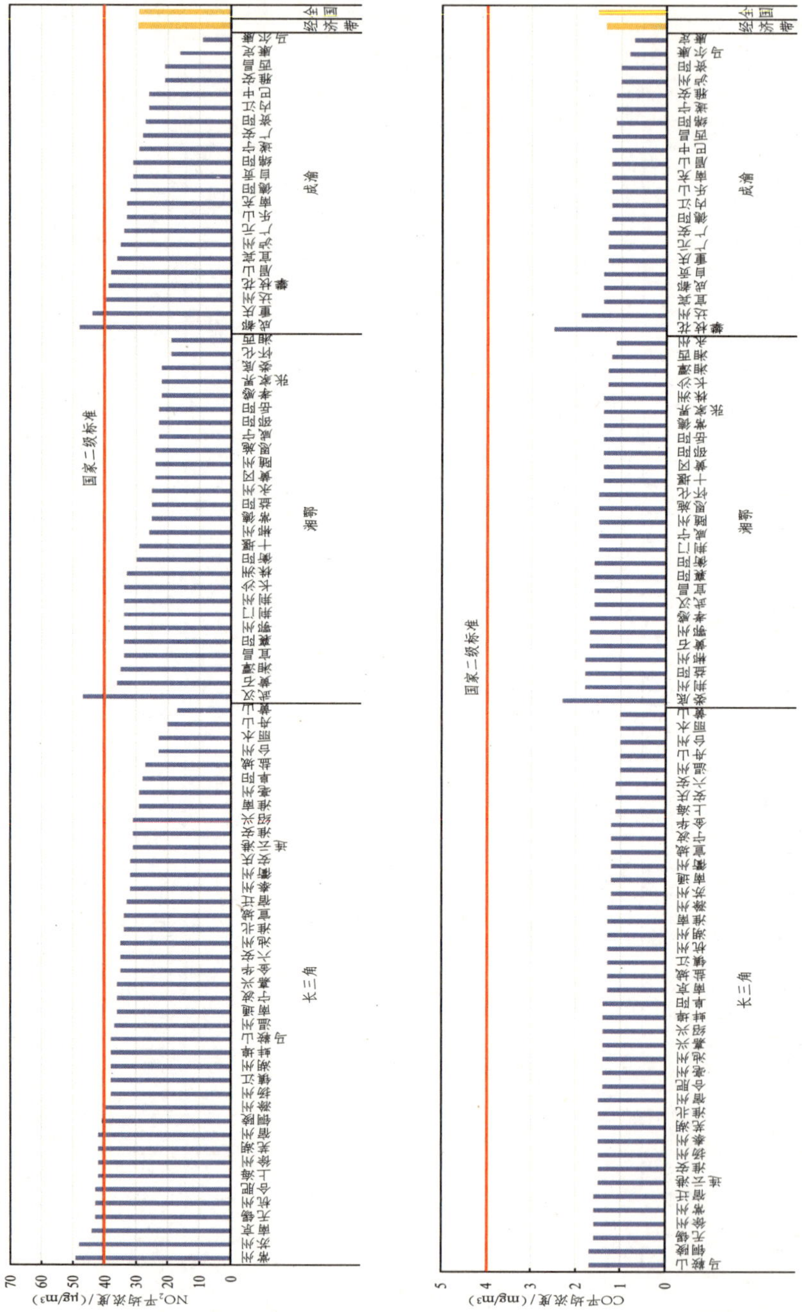

图 2-2　2018 年长三角、湘鄂、成渝六项污染物平均浓度

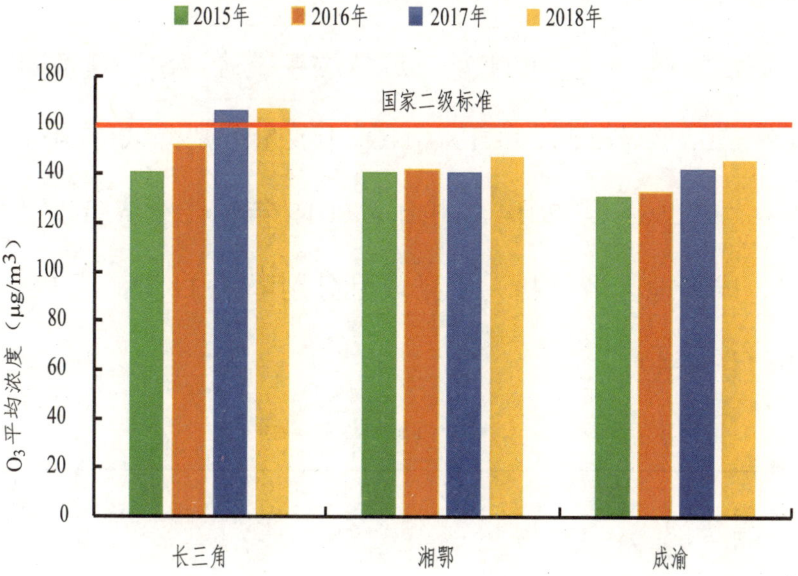

图 2-3　2015—2018 年长三角、湘鄂、成渝 O_3 平均浓度年际比较

2.2　大气污染物排放状况

通过贯彻落实《大气十条》，2013—2015 年长江经济带主要大气污染物减排成效明显，但大气污染物排放负荷仍巨大，尤以长三角地区大气污染物排放集中度高。（本部分中的数据主要来源于中国环境统计年报）

长江经济带以及长三角、湘鄂、成渝地区主要大气污染物排放

量总体均呈下降趋势。2013—2015 年，长江经济带以及长三角、湘鄂、成渝地区 SO_2 和 NO_x 排放量逐年下降，SO_2 排放量分别降低 10.1%、10.1%、7.6%、11.1%，NO_x 排放量分别降低 17.4%、19.1%、15.8%、13.3%；与 2014 年相比，2015 年长江经济带以及长三角、湘鄂、成渝地区烟（粉）尘排放量分别降低 11.4%、14.8%、9.9%、5.0%（图 2-4）。

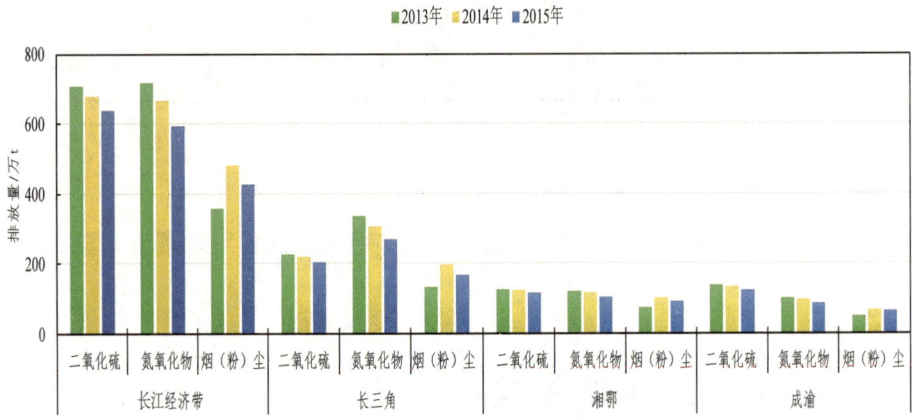

图 2-4　2013—2015 年长江经济带主要大气污染物排放量年际比较

长江经济带大气污染物排放负荷仍然巨大。2015 年，长江经济带 SO_2 排放量为 634.89 万 t，对全国排放总量的贡献率为 34.2%；SO_2 排放强度为 3.1 t/km^2，比全国平均水平高出 63.2%，是美国平均水平的 6.2 倍；工业源是 SO_2 排放的最大来源，排放量为 551.78 万 t，贡献率达 86.9%。NO_x 排放量为 592.45 万 t，对全国排放总量的贡献率为 32.0%；NO_x 排放强度为 2.9t/km^2，比全国平均水平高出 52.6%，是美国平均水平的 2.2 倍；NO_x 的排放主要来自工业源和机动车，排放量分别为 377.46 万 t 和 189.94 万 t，贡献率分别为 63.7%和 32.1%。烟(粉)尘排放量为 425.33 万 t，对全国排放总量的贡献率为 27.7%；单位面积烟(粉)尘排放强度为 2.1t/km^2，比全国平均水平高出 31.3%；工业源是烟（粉）尘排放的最大来源，排放量为 381.32 万 t，贡献率达 89.7%。VOCs 排放量为 982.72 万 t，对全国排放总量的贡献率为 39.3%；单位面积 VOCs 排放强度为 4.8t/km^2，比全国平均水平高出 84.8%，是美国平均水平的 2.7 倍。图 2-5 和图 2-6 给出 2015 年长江经济带主要大气污染物排放情况。

长江经济带大气污染物排放高度集中在长三角地区。2015 年，长三角地区占长江经济带 17.1%的国土面积，排放了长江经济带 31.9%的 SO_2、45.5%的 NO_x、38.8%的烟（粉）尘、47.3%的 VOCs，SO_2、NO_x、烟（粉）尘、VOCs 排放强度分别为长江经济带平均水平的 1.9 倍、2.7 倍、2.2 倍、2.8 倍。长三角地区 SO_2、NO_x、烟（粉）尘、VOCs 排放量分别达 202.38 万 t、269.69 万 t、165.13 万 t、464.61 万 t，排放强度分别为 5.8 t/km^2、7.7 t/km^2、4.7 t/km^2、13.2 t/km^2。

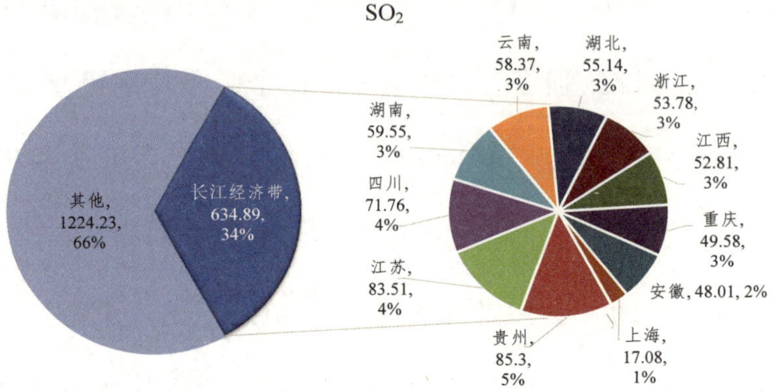
SO_2
其他，1224.23，66%
长江经济带，634.89，34%
云南，58.37，3%
湖北，55.14，3%
浙江，53.78，3%
江西，52.81，3%
重庆，49.58，3%
安徽，48.01，2%
上海，17.08，1%
贵州，85.3，5%
江苏，83.51，4%
四川，71.76，4%
湖南，59.55，3%

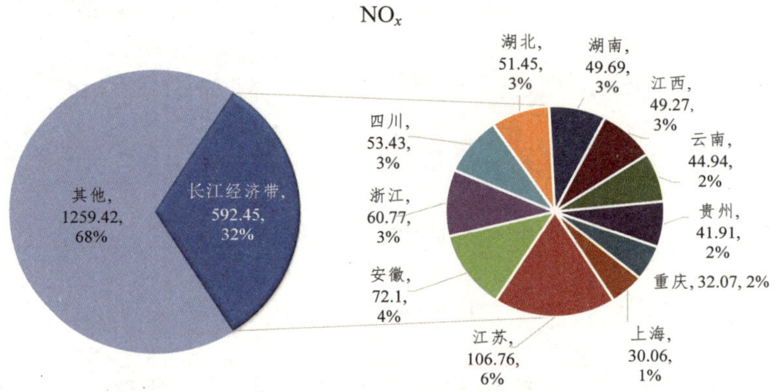
NO_x
其他，1259.42，68%
长江经济带，592.45，32%
湖北，51.45，3%
湖南，49.69，3%
江西，49.27，3%
云南，44.94，2%
贵州，41.91，2%
重庆，32.07，2%
上海，30.06，1%
江苏，106.76，6%
安徽，72.1，4%
浙江，60.77，3%
四川，53.43，3%

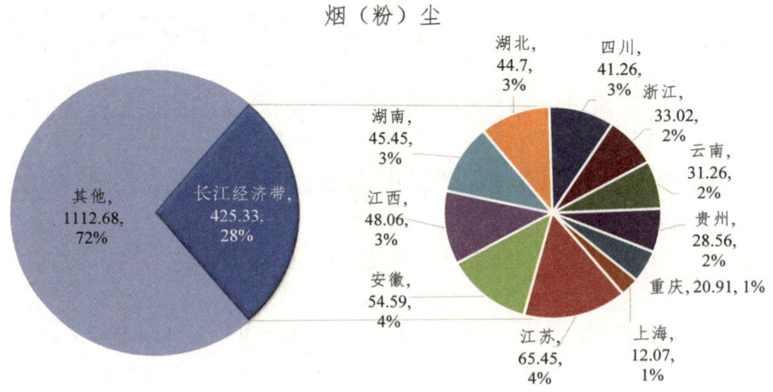
烟（粉）尘
其他，1112.68，72%
长江经济带，425.33，28%
湖北，44.7，3%
四川，41.26，3%
浙江，33.02，2%
云南，31.26，2%
贵州，28.56，2%
重庆，20.91，1%
上海，12.07，1%
江苏，65.45，4%
安徽，54.59，4%
江西，48.06，3%
湖南，45.45，3%

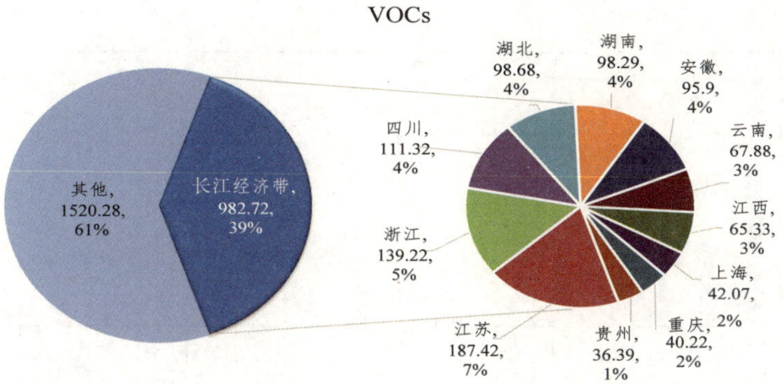

图 2-5　2015 年长江经济带主要大气污染物排放量

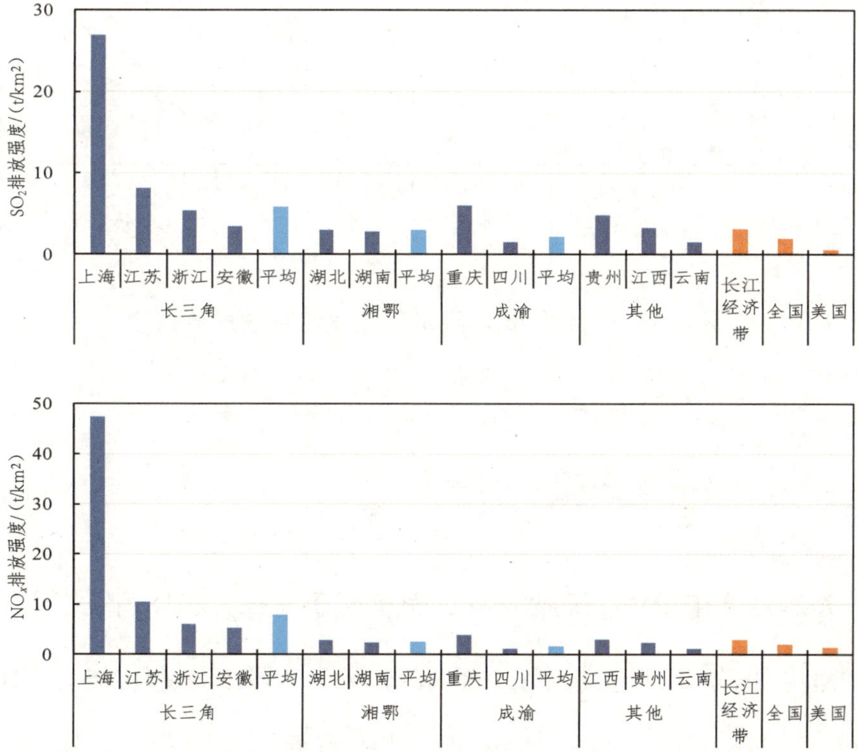

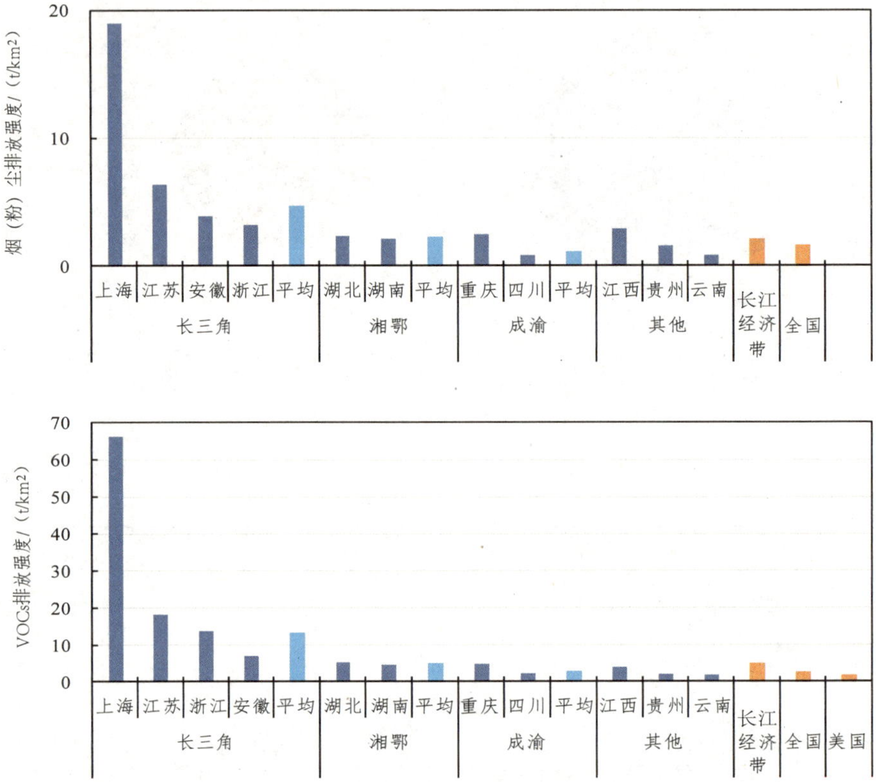

图 2-6　2015 年长江经济带大气污染物排放强度

2.3 大气环境问题分析

长江经济带 $PM_{2.5}$ 污染严重，浓度处于高位。2018 年，长江经济带 $PM_{2.5}$ 平均浓度超过国家二级标准限值 11.4%，超标城市比例达 63.5%。其中，长三角地区 $PM_{2.5}$ 平均浓度超过国家二级标准限值

25.7%，超标城市比例达 80.5%；湘鄂两省 $PM_{2.5}$ 平均浓度超过国家二级标准限值 25.7%，超标城市比例达 77.8%。

长江经济带 PM_{10} 污染尚未根本解决，超标城市多。2018 年，长江经济带 PM_{10} 平均浓度达标，但有 33.3%的城市超标。其中，长三角地区、湘鄂两省、成渝地区超标城市比例分别达 51.2%、48.1%、31.8%。

长江经济带 O_3 污染凸显，相对于颗粒物浓度下降的趋势，O_3 浓度呈上升趋势。2015－2018 年，长江经济带 O_3 日最大 8 h 平均第 90 百分位数浓度平均值呈逐年上升态势，增加 12.1%。其中，长三角地区增加 18.4%，且 2018 年浓度超过国家二级标准限值 4.4%；成渝地区、湘鄂两省分别增加 10.3%、4.3%。

长江经济带产生上述大气环境问题的主要原因如下：

首先，污染物排放量大是影响环境空气质量的根本原因。长江经济带的大气环境问题究其本质是一个经济结构、发展方式和消费方式的问题。长期粗放型的经济增长方式，使其主要大气污染物排放量巨大，远超环境承载能力。2015 年，占全国国土面积 21.3%的长江经济带，排放了 34.2%的 SO_2、32.0%的 NO_x、27.7%的烟（粉）尘、39.3%的 VOCs，污染物排放强度比全国平均水平高出 31.3%～84.8%。而且，排放高度集中在长三角地区。长三角地区占长江经济带 17.1%的国土面积，排放了其 31.9%的 SO_2、45.5%的 NO_x、38.8%的烟（粉）尘、47.3%的 VOCs，SO_2、NO_x、烟（粉）尘、VOCs 排放强度分别是长江经济带平均水平的 1.9 倍、2.7 倍、2.2 倍、2.8 倍。

其次，扩散条件不利是影响环境空气质量的直接原因。长江经济带横跨我国东中西三大区域，部分地区地理气象条件不利于大气污染物的扩散。另外，有些地区大范围长时间的雾霾天气使大气污染物也不易扩散。

最后，本地污染和区域污染叠加导致大气污染程度加重。基于生态环境部环境规划院建立的 2015 年全国 31 省（区、市）$PM_{2.5}$ 空间输送矩阵（表 2-2）可知，长江经济带 11 省（市）的 $PM_{2.5}$ 污染均以本地源贡献为主、加之区域污染而导致。但受排放空间分布、气象场等因素影响，11 省（市）本地源贡献程度存在较大差异。上游区的重庆、云南受地形和气象条件影响，外来源贡献相对较小，本地贡献率达 75%；中游区的江西、湖北、湖南和下游区的上海、江苏、浙江、安徽区域输送较为显著，本地贡献率不到 60%。以上海为例，超过 45%的 $PM_{2.5}$ 为外来源贡献，以江苏和浙江对其影响最大，贡献率分别为 17%、7%。

表 2-2 2015 年全国 31 省（区、市）$PM_{2.5}$ 空间输送矩阵

单位：%

受体＼源	北京	天津	河北	山西	内蒙古	辽宁	吉林	黑龙江	上海	江苏	浙江	安徽	福建	江西	山东	河南	湖北	湖南	广东	广西	海南	重庆	四川	贵州	云南	西藏	陕西	甘肃	青海	宁夏	新疆
北京	66	4	18	2	2	0	0	0	0	1	0	1	0	0	4	2	0	0	0	0	0	0	0	0	0	0	0	0	0	0	0
天津	3	56	20	2	1	1	0	0	0	1	0	1	0	0	10	3	0	0	0	0	0	0	0	0	0	0	0	0	0	0	0
河北	3	4	62	5	2	1	0	0	0	2	0	1	0	0	11	6	1	0	0	0	0	0	0	0	0	0	1	0	0	0	0
山西	0	0	7	67	3	0	0	0	0	1	0	1	0	0	3	10	1	0	0	0	0	0	0	0	0	0	3	0	0	1	0
内蒙古	1	0	4	4	71	3	1	1	0	0	0	0	0	0	2	2	0	0	0	0	0	0	0	0	0	0	3	1	0	3	1
辽宁	1	1	6	1	5	67	3	2	0	1	0	1	0	0	10	2	0	0	0	0	0	0	0	0	0	0	0	0	0	0	0
吉林	0	0	3	1	5	16	61	6	0	1	0	0	0	0	4	1	0	0	0	0	0	0	0	0	0	0	0	0	0	0	0
黑龙江	0	0	2	0	5	5	11	73	0	0	0	0	0	0	2	1	0	0	0	0	0	0	0	0	0	0	0	0	0	0	0
上海	0	0	3	1	1	1	0	0	54	17	7	3	0	0	7	2	1	0	0	0	0	0	0	0	0	0	0	0	0	0	0
江苏	0	1	4	2	1	2	0	0	4	59	3	7	0	0	11	3	1	0	0	0	0	0	0	0	0	0	1	0	0	0	0
浙江	0	0	3	2	1	1	0	0	5	13	54	5	1	1	6	3	1	0	0	0	0	0	0	0	0	0	1	0	0	0	0
安徽	0	0	3	2	1	1	0	0	2	15	3	56	0	1	8	5	2	0	0	0	0	0	0	0	0	0	1	0	0	0	0
福建	0	0	2	2	1	1	0	0	2	6	9	4	52	3	4	3	3	1	2	0	0	1	1	1	0	0	1	0	0	0	0
江西	0	0	2	1	1	0	0	0	1	5	4	8	1	53	4	4	7	4	1	0	0	0	0	0	0	0	1	0	0	0	0
山东	1	1	8	2	2	2	0	0	1	8	1	4	0	0	63	5	1	0	0	0	0	0	0	0	0	0	1	0	0	0	0
河南	0	1	8	5	1	0	0	0	0	3	0	4	0	0	7	61	4	1	0	0	0	0	0	0	0	0	2	0	0	0	0

受体＼源	北京	天津	河北	山西	内蒙古	辽宁	吉林	黑龙江	上海	江苏	浙江	安徽	福建	江西	山东	河南	湖北	湖南	广东	广西	海南	重庆	四川	贵州	云南	西藏	陕西	甘肃	青海	宁夏	新疆
湖北	0	0	3	2	1	0	0	0	1	4	1	6	0	2	5	10	56	3	0	0	0	1	0	0	0	0	2	0	0	0	0
湖南	0	0	2	1	1	0	0	0	0	3	1	3	0	3	3	5	13	59	1	1	0	0	0	1	0	0	1	0	0	0	0
广东	0	0	1	1	1	0	0	0	1	2	2	3	3	6	2	2	4	5	63	1	0	0	0	1	0	0	1	0	0	0	0
广西	0	0	1	1	1	0	0	0	0	2	1	2	0	3	2	3	8	13	4	51	0	1	1	2	1	0	1	0	0	0	0
海南	0	0	1	2	1	0	0	0	1	3	2	4	2	6	2	3	7	9	20	5	28	1	1	1	0	0	1	0	0	0	0
重庆	0	0	0	0	0	0	0	0	0	0	0	0	0	0	1	1	2	2	0	0	0	75	10	5	1	0	1	0	0	0	0
四川	0	0	0	0	0	0	0	0	0	0	0	0	0	0	1	1	2	1	0	0	0	16	66	6	2	0	1	1	0	0	0
贵州	0	0	1	1	0	0	0	0	0	1	0	1	0	1	2	2	5	7	0	2	0	4	4	62	4	0	1	0	0	0	0
云南	0	0	0	0	0	0	0	0	0	0	0	0	0	0	0	0	1	1	0	2	0	2	4	11	75	0	0	0	0	0	0
西藏	0	0	0	0	0	0	0	0	0	0	0	0	0	0	0	0	0	0	0	0	0	0	0	0	0	95	0	0	1	0	4
陕西	0	0	2	4	2	0	0	0	0	1	0	1	0	0	1	6	4	1	0	0	0	2	3	1	0	0	68	2	0	2	1
甘肃	0	0	0	1	2	0	0	0	0	0	0	0	0	0	0	1	1	0	0	0	0	3	7	1	0	0	7	66	2	4	2
青海	0	0	0	0	1	0	0	0	0	0	0	0	0	0	0	0	0	0	0	0	0	1	2	0	0	0	1	16	76	2	1
宁夏	0	0	0	1	13	0	0	0	0	0	0	0	0	0	0	1	0	0	0	0	0	2	3	1	0	0	5	10	1	61	3
新疆	0	0	0	0	0	0	0	0	0	0	0	0	0	0	0	0	0	0	0	0	0	0	0	0	0	0	0	0	0	0	100

3 长江经济带土壤环境状况

3.1 土壤环境质量状况

3.1.1 耕地土壤环境质量现状

长江经济带耕地土壤环境质量总体不容乐观，局部区域土壤污染严重。以长江经济带上游地区四川省为例，全省耕地土壤点位超标率为 34.3%，远高于全国 19.4%的耕地超标率，其中轻微、轻度、中度和重度污染点位比例分别为 27.8%、4.0%、1.4%和 1.2%，主要污染物为镉、镍、铜、铬、滴滴涕和多环芳烃。长江经济带中游地区江汉平原、洞庭湖平原、鄱阳湖平原，以及下游地区上海、南京、苏州、浙江等地区耕地土壤均存在不同程度的汞、铅、镉等重金属污染。

3.1.2 建设用地土壤环境质量现状

长江经济带有色金属开采、有色金属冶炼、石油加工、化工、电镀、焦化、制革等重点行业企业密集，建设用地土壤污染面积大、范围广，土壤环境风险高。以四川省为例，在调查的 21 个企业及周边地区、233 个土壤点位中，超标点位占 75.3%，主要污染物为镉和镍；在调查的 4 处工业废弃地的 48 个土壤点位中，超标点位占 6.3%，主要污染物为镉。湖南常德、贵州铜仁等地长期开采矿产资源，造成土壤砷、铅、镉、汞等重金属污染严重；长三角地区化工、矿业、冶金等行业发达，土壤锌、汞、铅、铬、砷和多环芳烃污染严重。

3.2 土壤环境问题分析

矿产资源开发是造成长江经济带局部区域土壤污染的成因之一。云南、贵州等均是我国重点有色金属产区，矿产资源开采过程中，尾矿中富含重金属的颗粒物，通过大气干湿沉降后污染土壤；矿井水中的重金属经灌溉、渗漏或溢流等不同途径进入土壤；废石、尾矿中均含有不同程度的有毒有害物质，通过风化、淋溶等进入土壤。

相关研究表明，矿区的污染范围可扩展至 20 km 以外的地区，污染物还可顺流而下继续侵袭下游地区，如素有“中国汞都”之称的贵州铜仁，其汞矿曾是贵州省最大的汞矿之一，开采历史悠久，虽已闭库多年，但遗留的大量尾渣和废渣仍露天堆放，土壤中汞含量远高于国家相关标准，严重影响周边生态环境，通过对万山特区和碧江区的工矿区周边土壤进行采集分析发现，距离矿区 500 ~ 1 000 m 范围内的农田土壤中总汞含量是《土壤环境质量标准》（GB 15618—1995）中三级标准的 14.86～56.93 倍。

有色金属冶炼是长江经济带局部区域土壤污染的主导因素。有色金属冶炼过程中排放的大量有毒有害物质通过污水灌溉、废渣渗滤和大气沉降等途径进入土壤，致使周边区域土壤受到不同程度的重金属污染。长江经济带存在大量有色金属冶炼企业，如截至 2011 年江西省共有 465 家规模以上有色金属冶炼及压延加工企业，其中，贵溪冶炼厂是世界上生产规模最大的冶铜工厂，其周边大面积农田受到重金属污染，给当地村民的健康造成极大威胁。2007 年南京环科所对贵溪冶炼厂周边地区进行土壤污染状况调查，结果显示，铜几乎全部超标 5 倍以上，严重超标的占 87%，镉超标率为 97%，砷超标率为 28%，锌、镍、铅等其他重金属均不同程度超标；部分居民存在血镉、尿镉超标等现象。部分有色金属冶炼企业是在20世纪八九十年代甚至是五六十年代建成的，大多存在环保意识不强、污染治理设施不完善、“三废”随意排放等问题，同时土壤污染具有累积性，导致部分企业周边土壤污染问题突出。

长江经济带化工行业企业密集，尤其是江苏省，共有63家化工园区（集聚区），迄今已关停7 000多家化工企业。通过对江苏太仓市化工区表层土壤进行检测，发现土壤中重金属铜、汞、锌显著高于当地土壤背景值，多数重金属元素样点超过背景值的比例超过50%，其中汞、砷分别高达87%和98%。化工行业企业周边土壤重金属无机污染物和持久性有机污染物、环境激素类污染物共同存在，土壤污染情况非常复杂，治理难度很大。

废弃遗留地块数量众多。随着上海、重庆、武汉等城市“退二进三”政策实施，以及攀枝花钢铁工业、石油化工等产业结构转型升级与淘汰落后产能等工作的推进，长江经济带出现大量受污染的工业废弃地。以武汉硚口区为例，截至2013年，在化工片腾退的3 018亩工业用地中，受污染的为1 260亩，占整个老工业区化工企业面积的41.7%。据统计，上海至少有1万个以上的工业企业搬迁遗留污染地块、生活垃圾堆场亟待整治修复。工矿企业关停并转后遗留的场址将成为城市土地再开发的重要来源，但是污染地块存在潜在的环境风险，如果不进行评估和治理而盲目开发利用，将带来对人体健康严重的安全隐患。

土壤污染危害事件频发。2000 年以来，长江经济带部分地区“镉大米”“重金属蔬菜”“血铅”“癌症村”等土壤污染危害事件频发。湖南省土壤危害事件最为严重，先后发生株洲市新马村、浏阳市双桥村“镉污染”和石门雄黄矿区“砷污染”事件，特别是 2013 年发生的“镉大米”事件，受到社会广泛关注。此外，贵州铜仁、江苏宿迁、安徽池州均发生了不同程度的土壤污染危害事件。

4 长江经济带生态环境保护工作及效果

4.1 水环境保护工作及效果

健全规划政策体系，加强长江经济带生态环境保护顶层设计。2017年，环境保护部会同国家发展和改革委员会、水利部印发《长江经济带生态环境保护规划》，提出建设和谐长江、健康长江、清洁长江、优美长江、安全长江等5个方面目标和19项指标，明确长江流域重点控制对象。落实《2016－2017年长江经济带生态环境保护行动计划》，推动改善长江经济带生态环境质量。完善经济政策，配合财政部出台《建立长江流域横向生态保护补偿机制实施方案》，实施长江经济带生态修复奖励政策，2018年，四川省、云南省、贵州省共同出资 2 亿元，设立赤水河流域水环境横向补偿资金。

推动“三线一单”落地，加强生态保护。原环境保护部联合国家发展和改革委员会会同相关部门，按照《关于划定并严守生态保护红线的若干意见》的要求，指导长江经济带 11 省（市）划定生态保护红线。国务院已批复长江经济带 11 省（市）生态保护红线划定方案。11 省（市）共划定生态保护红线面积约 55 万 km^2，占比约 1/4。完成长三角地区战略环境评价项目成果验收，形成了促进区域经济社会与环境保护协调发展的指导性意见。2017 年，审查了 5 项流域综合规划环评、3 项园区规划环评、8 个省级矿产资源规划环评和 2 项轨道交通规划环评，着力推动战略和规划环评，加强“生态保护红线、环境质量底线、资源利用上线和环境准入负面清单”落地，优化规划实施。

加强水污染防治，改善水环境质量。开展长江沿线饮用水水源地安全专项检查，沿江 11 省（市）126 个地级市 319 个饮用水水源地排查出的 490 个环境问题已全部完成清理整治。配合长江经济带领导小组办公室开展“共抓大保护”中突出问题整改、非法码头整治、沿江化工污染整治、入河排污口检查、干流岸线保护与利用检查等专项行动。指导上海、江苏、浙江、安徽、江西、湖北、湖南、重庆、四川、贵州完成畜禽养殖禁养区划定工作，沿江 11 省（市）完成 1.4 万个建制村的农村环境综合整治建设；2017 年，沿江 11 省（市）省级及以上工业集聚区分别有 923 家按规定建成污水集中处理设施、897 家安装自动在线监控装置，完成率分别为 93%、90%。

完善水环境监测监管应急工作，有效控制区域环境风险。推进沿江 11 省（市）国家地表水环境质量监测事权上收，开展国控断面环境质量监测采测分离改革，省界断面水质自动监测数据向社会公开发布。指导沿江 11 省（市）建立环境污染事件应急联动工作机制，印发《关于企业事业单位突发环境事件应急预案管理工作情况的通报》。

以“共抓大保护”为重点开展中央环保督察，落实各方环保责任。第一轮中央环境保护督察实现了对沿江 11 省（市）督察全覆盖，移交 11 省（市）地方党委、政府 126 个生态环境损害责任追究问题。督察内容紧扣《水污染防治行动计划》《长江经济带生态环境保护规划》目标任务，重点督察中央高度关注、群众反映强烈、社会影响恶劣的突出环境问题及其处理情况，重点聚焦水资源过度开发、非法采沙、沿江化工企业污染、农业面源污染、部分地区环境基础设施建设滞后等问题，对忽视生态环境保护盲目决策造成严重后果、旧账未还又欠新账、环境质量恶化、生态功能退化、环境事件多发高发的地区，做到督察到位、形成震慑、倒逼责任落实。在推动地方不断改善环境质量的同时，也为地方落实新发展理念、推进绿色发展、加快产业转型升级和供给侧结构性改革提供了强大动力。

4.2 大气环境保护工作及效果

《大气十条》实施5年来，在党中央、国务院坚强领导下，长江经济带各地区各部门各单位思想统一、态度坚决、行动有力，扎实推进各项政策措施，全面实现预定目标。根据《大气污染防治行动计划实施情况考核办法（试行）》（国办发〔2014〕21号）的要求，原环境保护部会同国家发展和改革委员会等部门，对全国31个省（区、市）贯彻实施《大气十条》情况进行考核，并根据各省（区、市）《国民经济和社会发展第十三个五年规划纲要》约束性指标年度任务完成情况对《大气十条》考核结果进行了修正。经考核，长江经济带中的上海、浙江、湖北、湖南、四川、贵州、云南等7个省（市）考核等级为优秀；江苏、重庆等2个省（市）考核等级为良好；安徽、江西等2个省份考核等级为合格。

全力贯彻落实2018年6月27日由国务院印发的《打赢蓝天保卫战三年行动计划》（以下简称《行动计划》），持续推动产业、

能源、运输、用地结构调整，深化工业、重卡、散煤、扬尘污染治理，实施重大专项行动，强化区域联防联控，狠抓秋冬季污染治理，全面深入开展长江经济带大气污染防治工作。经过3年努力，主要大气污染物排放总量大幅减少，温室气体排放协同减少，$PM_{2.5}$浓度明显降低，重污染天数明显减少，环境空气质量明显改善，人民的蓝天幸福感明显增强。到2020年，SO_2、NO_x排放总量分别比2015年下降15%以上；$PM_{2.5}$未达标地级及以上城市浓度比2015年下降18%以上，地级及以上城市空气质量优良天数比率达到80%，重度及以上污染天数比率比2015年下降25%以上；提前完成“十三五”目标任务的省份，要保持和巩固改善成果；尚未完成的，要确保全面实现“十三五”约束性目标。

长江经济带中的长三角地区继《大气十条》之后，又被列为《行动计划》三大重点区域之一。为狠抓秋冬季污染治理，长三角区域大气污染防治协作小组审议通过了《长三角地区2018—2019年秋冬季大气污染综合治理攻坚行动方案》，并由生态环境部办公厅于2018年11月2日印发（环大气〔2018〕140号）。方案明确要求，针对长三角地区秋冬季大气污染的突出难题，全面推进产业结构、能源结构、运输结构和用地结构调整优化；深入实施“散乱污”企业综合整治，压减钢铁、建材等过剩产能，加快燃煤和生物质锅炉淘汰整治，推进城市建成区散煤整治，持续开展工业企业治污设施提标改造，加强船舶和港口污染防治，严厉打击黑加油站点，实施 VOCs、工业炉窑、柴油货车专项治理行动；加强重点时段区域联防联控，强化重大活动主办地及其周边城市、主要输送通道城市大气污染防治协作，有效应对重污染天气，严格督察问责，深入推进秋冬季大气污染综合治理攻坚行动。通过方案的实施，全面完成 2018 年空气质量改善目标；秋冬季期间（2018 年 10 月 1 日至 2019 年 3 月 31 日），长三角地区 $PM_{2.5}$ 平均浓度同比下降 3%左右，重度及以上污染天数同比减少 3%左右。

4.3 土壤和固体废物环境保护工作及效果

长江经济带11省（市）积极贯彻落实《土壤污染防治行动计划》（以下简称《土十条》），均已印发省级土壤污染防治工作方案。按照“预防为主、保护优先、风险管控”的总体思路，分解落实《土十条》各项任务要求，明确本行政区域内土壤环境质量调查、监测网络和监管能力建设、法规标准体系建设等基础性工作要求。实施受污染农用地和污染地块风险管控和治理与修复，加强未污染土壤保护、污染源监管以及科技支撑、治理体系、评估考核等全过程管理。

为加强土壤污染防治工作，长江经济带各省（市）积极探索地方法规标准体系建设。地方法规建设方面，湖北省印发《湖北省土壤污染防治条例》，重庆市修订发布《重庆市环境保护条例》，浙江省印发《浙江省污染地块开发利用监督管理暂行办法》。地方标准体系建设方面，重庆市印发《重庆市污染场地环境风险筛选值》《重庆市场地环境风险评估技术导则》《重庆市污染场地治理修复及竣工验收技术导则》《重庆市污染场地治理修复环境监理技术导则》等地方标准，基本建立污染场地评估、监测、修复治理、环境监理、竣工验收等制度体系；上海市发布《污染地块治理修复方案及修复效果评估技术审核工作规程》；江西省出台《江西省矿山地质环境详细调查技术指南》。

目前，长江经济带11省（市）均已建立部门间协调联动机制。江苏、安徽、江西、四川、浙江、湖北、江西等省份成立了以省政府分管领导为组长，省级生态环境厅、自然资源厅、农业农村厅等分管厅领导担任成员的省土壤污染防治工作协调小组，加强土壤污染防治工作的组织领导和统筹协调。上海、江苏、江西、重庆等省（市）已建立污染地块联合监管机制，落实将建设用地土壤环境管理要求纳入城市规划和管理、切实保障建设用地土壤环境安全的要求。

各省（市）积极推进农用地分类管理工作，降低农产品产地土壤环境风险和农产品超标风险。在农业农村部、生态环境部支持下，湖南省和江苏省已开展耕地土壤环境质量类别划定工作。为加强受污染农用地安全利用和治理修复，江西省农业农村厅印发《稻田重金属污染防控技术方案》，指导稻田重金属超标区域水稻生产，部分地区已在稻田推广重金属低积累品种，综合采取调整耕作、灌溉、施肥、秸秆、种植结构等方式，并取得一定成效；湖南省农业委员会、财政厅印发《长株潭重金属污染耕地种植结构调整及休耕治理 2018—2020 年实施方案》，积极推进种植结构调整及休耕治理工作；四川省农业农村厅、生态环境厅印发《关于贯彻落实〈土壤污染防治行动计划四川省工作方案〉有关农用地土壤环境保护重点工作的通知》，明确提出推进耕地土壤环境质量类别划定、制定土壤环境保护方案和开展粮食禁止生产区划定等工作要求。

加强污染地块再开发利用土壤环境管理，保障人居环境安全。各地积极探索污染地块联合监管机制，加强污染地块开发利用各环节的监督管理，建立生态环境、自然资源、规划等部门间的信息沟通机制，实行联动监管。长江经济带部分省（市）污染地块环境管理工作走在全国前列，例如，上海市发布《上海市经营性用地和工业用地全生命周期管理土壤环境保护管理办法》、江苏省发布《江苏省污染地块环境管理联动方案（试行）》、浙江省发布《浙江省污染地块开发利用监督管理暂行办法》、重庆市出台《重庆市环境保护条例》等，探索建设用地全过程监管模式（表 4-1）。

表 4-1　长江经济带各省（市）印发的污染地块联合监管文件

序号	省（市）	文件名称
1	上海	《上海市经营性用地和工业用地全生命周期管理土壤环境保护管理办法》
2	江苏	《江苏省污染地块环境管理联动方案（试行）》
3	浙江	《浙江省污染地块开发利用监督管理暂行办法》
4	安徽	《安徽省污染地块环境管理暂行办法》
5	江西	《关于进一步加强污染地块土壤环境管理工作的通知》
6		《关于严控污染地块进入用地程序有关问题的通知》
7	湖北	《湖北省土壤污染防治条例》
8	重庆	《重庆市环境保护条例》
9	四川	《关于进一步严格土地出让管理的通知》
10	贵州	《关于加强污染地块管理工作的通知》

积极开展土壤污染治理与修复试点。按照《土十条》要求，分批实施 200 个土壤污染治理与修复技术应用试点项目。长江经济带 11

省（市）共开展 111 个土壤污染治理与修复技术应用试点项目，其中农用地 58 个、污染地块 53 个，占全国试点项目总数的 50%以上，已有部分试点项目完工验收，并作为精品项目在全国范围进行推广。试点项目的实施为我国受污染耕地、化工类企业污染地块的风险管控和治理修复提供了实践经验。

开展打击危险废物违法犯罪专项执法行动。为贯彻落实习近平总书记等中央领导同志关于固体废物倾倒长江事件的重要批示指示精神，生态环境部会同公安部赴安徽、浙江和江苏三省就万吨危险废物倾倒长江事件开展实地调研，督导当地相关部门尽快处理涉案废物；配合长江经济带发展领导小组办公室编制沿江固体废物大排查方案；制定《聚焦长江经济带 加强危险废物全过程监管 坚决遏制固体废物非法转移工作方案》《打击固体废物及危险废物非法转移和倾倒行为专项行动工作方案》，抽调专门力量，自 2018 年起连续三年开展专项行动，对全国重点行业危险废物产生和经营单位、重点行业一般工业固体废物产生单位实施现场检查，联合公安机关查处一批涉危险废物环境犯罪大案要案。

4.4 生态补偿工作及效果

2018 年 2 月，环境保护部会同财政部等四部委在重庆市组织召开了长江经济带生态保护修复暨推动建立流域横向生态补偿机制工作会议，会上云南、贵州、四川三省代表签署了《赤水河流域横向生态保护补偿协议》（以下简称《协议》），重点就赤水河流域生态补偿的总体框架、补偿目标、补偿资金的筹集及分配等达成了共识。应云贵川三省的邀请，在生态环境部规划财务司的积极协调和指导下，云贵川三省历时 8 个月，共同编制了《赤水河流域横向生态保护补偿实施方案》，就干支流水质目标、分段补偿权重以及监测点位布设等达成了一致意见。

赤水河流域是长江上游的重要生态屏障，加强赤水河流域生态环境保护是三省的共同责任，不仅符合三省的共同利益，更是落实长江经济带生态环境保护的要求，对维护长江生态安全具有重要意义。三省应坚持生态优先、绿色发展，按照“责任共担、效益共享”的原则，强化区域间联防联控、流域共治和产业协作，探索出具有示范意义的多省间流域水环境横向生态保护补偿的模式。

补偿范围为三省的赤水河流域。补偿基准年为 2017 年，实施年限暂为 2018—2020 年。

三省人民政府共同出资 2 亿元设立赤水河流域水环境横向补偿资金，云南、贵州、四川各省的出资比例为 1∶5∶4。补偿资金等在三省间分配比例为 3∶4∶3。三省依据考核断面设置、生态环境功能重要性、保护治理难度等，分段设立补偿权重，将补偿资金及治理任务分解落实到各责任市县。

补偿资金主要用于流域生态环境保护与治理和水污染防治等工作。探索三省间开展多元化、市场化的生态补偿方式，吸引社会各方参与赤水河流域生态环境保护工作。

依据各段补偿权重以及《协议》确定的考核断面水质达标情况进行分段清算。水质达到考核目标要求的地区，全额享受补偿资金；部分达到目标的地区，根据水质水量折算享受补偿资金的额度，适当扣减补偿资金；完全未达到目标的地区，全部扣减补偿资金。

所扣减的资金原则上用于补偿给签订《协议》的下游省份，具体扣减资金拨付方式为：若清水铺断面（以岔河断面水质为参考）部分达到目标或完全未达标，云南省扣减资金拨付给贵州省和四川省，两省分配比例均为 50%；若鲢鱼溪断面部分达到目标或完全未达标，贵州省扣减资金拨付给四川省；若大同河、古蔺河增设断面部分达到目标或完全未达标，四川省扣减资金拨付给贵州省；若桐梓河、习水河（长沙断面）断面部分达到目标或完全未达标，贵州省扣减资金拨付给四川省；若茅台镇上游新增断面部分达到目标或完全未达标，贵州省和四川省按照各承担50%的比例进行资金扣减，扣减资金拨付给下游区县。三省人民政府负责各自补偿资金的落实，并组织审定流域生态环境保护和治理年度实施方案，对补偿资金的使用、项目实施等进行监管。

三省建立联防联控的工作机制，轮值召开年度赤水河流域生态环境保护工作协调会，建立环境信息共享机制，联合查处和打击跨界违法行为，实行流域上下游环评会商及环境污染应急联动，深入开展流域水资源保护、水污染防治和生态环境保护等工作。财政部、生态环境部、国家发展和改革委员会、水利部加强对三省的技术指导。

5

长江经济带生态环境空间管控研究

5.1 “三线一单”编制进展

5.1.1 编制背景

实施“三线一单”，构建生态环境分区管控体系，是积极落实党中央生态文明建设与生态环境保护决策部署的重要举措。习近平总书记在全国生态环境保护大会上要求，要加快划定并严守“生态保护红线”“环境质量底线”“资源利用上线”三条红线。中共中央、国务院《关于加快推进生态文明建设的意见》指出，树立底线思维，设定并严守资源消耗上限、环境质量底线、生态保护红线，将各类开发活动限制在资源环境承载能力之内。中共中央、国务院《关于全面加强生态环境保护　坚决打好污染防治攻坚战的意见》（中发〔2018〕17号）提出，省级党委和政府要加快确定生态保护红线、环境质量底线、资源利用上线，制定生态环境准入清单。各地完成生态保护红线、环境质量底线、资源利用上线、环境准入清单编制工作。《国务院关于印发打赢蓝天保卫战三年行动计划的通知》（国发〔2018〕22 号）要求，各地完成生态保护红线、环境质量底线、资源利用上线、环境准入清单编制工作。编制“三线一单”，建立生态环境分区管控体系，是积极落实习总书记生态文明建设重要思想，推动生态文明建设和生态环境保护的重要举措。

实施“三线一单”，构建生态环境分区管控体系，是长江经济带建立生态环境“规矩观”、推动高质量发展的有力抓手。2018 年 4 月，习近平总书记在湖北调研时指出，不搞大开发不是不搞大的发展，而是要科学地发展、有序地发展。对于长江来讲，第一位的是要保护好中华民族的母亲河，不能搞破坏性开发。编制“三线一单”，构建生态环境分区管控体系，强化生态环境保护的底线思维和空间管控，将哪些能干、哪些不能干的生态环境保护底线要求系统化地立在前面，是以生态环境空间分区为基础，解决生态环境突出问题、引导构建绿色发展格局、推动高质量发展的重要平台。

实施“三线一单”，构建生态环境分区管控体系，是提高生态环境保护管理水平的有效途径。当前我国生态环境保护与管理面临两大难点。一是各生态环境要素管理分散在多个部门，对生态环境系统性、整体性的维护不足，导致管理体制、机制和政策“碎片化”，难以形成管理的合力；二是生态环境管理逐步向空间管理转变，但生态环境管理手段仍多以指标和任务管理为主，精细化、空间化、信息化管理不足。长江经济带实施“三线一单”，构建生态环境分区管控体系，打通环境管理目标与环境管理手段之间的空间连通性，整合、集成、系统化生态环境保护要求，并将其转化为针对具体空间的产业发展、城镇建设、资源开发等的要求，有力推动地方生态环境管理任务的具体落地，为破解生态环境保护管理的难题，提高生态环境保护系统化、精细化水平提供了有效的途径。

5.1.2 总体情况

2018 年 3 月生态环境部下发《关于印发〈长江非经济带战略环境评价“三线一单”编制工作实施方案〉的通知》（环办环评函〔2018〕14 号），要求长江经济带沿江 11 省（市）及青海省，以改善区域环境质量和流域生态功能为目标，按照“守底线、优格局、提质量、保安全”的总体思路，统筹推进“三线一单”编制工作，推动形成覆盖长江经济带沿江 11 省（市）及青海省的“三线一单”，构建全流域环境分区管控体系，并实现成果共享与应用。

生态环境部加大“三线一单”编制技术支持，组织技术团队不断总结规范“三线一单”编制技术方法与管理程序，先后印发了《“三线一单”编制技术指南（试行）》《“三线一单”编制技术要求（试行）》《“三线一单”成果数据规范（试行）》《生态环境准入清单编制要点（试行）》《“三线一单”图件制图规范（试行）》《“三线一单”数据共享系统建设工作方案》《“三线一单”一问一答手册》《“三线一单”岸线生态环境分类管控技术说明》等文件。

目前，长江经济带沿江 11 省（市）及青海省“三线一单”编制顺利，各省（市）均成立了由副省（市）长挂帅的协调小组，统筹成立技术团队，部分地区成立了工作专班，集中办公。部分省（市）在辖区内的统一框架下，也成立了协调小组，组建了技术团队，安排了工作经费，与省级技术团队同步推进“三线一单”编制工作。截至 2019 年 1 月底，长江经济带沿江 11 省（市）及青海省均已形成“三线一单”研究报告、图集和矢量数据等初步成果。

5.1.3 初步成果

长江经济带沿江 11 省（市）及青海省围绕环境质量改善核心，强化问题导向，形成主要成果如下：

一是研判重点问题与重点区域，识别主要环境功能。各省（市）在充分开展环境经济形势综合分析的基础上，开展区域生态环境质量、承载力和功能综合评估，确定区域内生态环境保护与区域发展的重大战略、重点区域流域海域、重点行业及重点问题，识别省（市）在区域、流域所承担的生态环境功能。各省（市）重点围绕长江经济带流域生态功能系统保护、污染物排放控制、饮用水安全保障、沿江化工行业环境风险防范、江河湖库生态空间维护等问题进行分析，强化主要干支流和丹江口库区、三峡库区、滇池、巢湖、太湖、鄱阳湖、洞庭湖、千岛湖汇水区、秦巴山区重点生态功能区等区域的生态环境保护。

二是落实生态保护红线，识别生态空间。截至目前，上海市等 11 省（市）已公布生态保护红线，青海省也已划定生态保护红线。结合生态保护红线划定过程中的生态评估成果，按照“应划则划、应保则保”的原则，将生态功能重要区和极重要区、生态环境敏感区和极敏感区，以及地方各类法律、法规等确定的需要保护的各类保护地划入生态空间。

三是确立环境质量底线，构建环境分区管控体系。各省市按照环境质量不断优化的原则，充分衔接打赢蓝天保卫战三年行动计划、水污染防治行动计划和各类功能区划，开展大气环境和水环境的功能、质量、结构等的系统评价，明确各要素空间差异化的环境功能属性；考虑环境质量目标、环境质量标准和限期达标要求，综合确定分区域、分流域、分阶段的环境质量底线目标，识别大气环境和水环境优先保护区、重点管控区以及土壤环境风险管控区。

四是统筹划定资源利用上线，明确重点管控区域和管控要求。充分衔接水资源、能源等“总量-强度”双管控要求、“两个最严格”土地管理制度等工作基础，从生态环境质量维护、自然资源资产“保值增值”的角度，开展自然资源利用强度评估，筛选对区域生态环境影响重大的资源、能源类型，明确相应的重点管控区域和管控要求。

五是综合生态环境管控分区，确定环境管控单元。集成生态保护红线、环境质量底线、资源利用上线的分区成果，综合大气、水、土壤、海洋等生态环境要素分区及重点资源利用管控分区，拟合乡镇、街道、工业园区、城市规划区等行政边界，按照“宜粗则粗、宜细则细”的原则，综合划定环境管控单元。12 省（市）共划分环境管控单元 18 100 个，其中优先保护单元 6 232 个，主要为生态保护红线区、生态空间、大气环境优先保护区、水环境优先保护区；重点管控单元 7 237 个，主要为人口和工业密集区域；一般管控单元 4 631 个。

六是落实“三线”的分区管控要求，建立生态环境准入清单。各省（市）形成“省级统筹、省（市）联动”的工作模式，梳理相关法律法规和文件要求，衔接各类产业发展和开发建设行为的准入规定，基于环境管控单元，统筹生态保护红线、环境质量底线、资源利用上线的分区管控要求，明确空间布局约束、污染物排放管控、环境风险防控、资源利用效率等方面准入、限制和禁止的环境要求，建立基于环境管控单元的生态环境准入清单及相关管控要求。上海、江苏、湖南、青海等省（市）还协调准入要求的一般性和特殊性的关系，建立了生态环境准入清单词典和数据库。

七是规范集成“三线一单”成果，初步建设数据共享系统。生态环境部组织建立“三线一单”数据共享系统，初步构建了以数据上报、成果审核和分析应用 3 个主要功能为导向的成果数据共享系统原型，并用上海市、江苏省阶段数据做了测试，建立成果数据样例下发至各省（市）。各省（市）正在充分利用国家推送的“三线一单”共享数据和开放的服务功能，结合本地区生态环境信息化管理平台，开发服务本地生态环境管理需求的“三线一单”数据应用系统，以实现上下联网、数据统一、信息共享，应用于综合分析、综合决策与生态环境业务管理。

5.1.4 存在的主要问题

长江经济带沿江 11 省（市）及青海省“三线一单”编制工作时间紧、任务重，在技术与管理等方面尚存在一定的不足。

一是各省（市）在部分技术问题上尚未达成共识。各省（市）在生态空间划定的具体内容、环境质量目标确定的阶段年限、污染源数据的统计口径、污染排放的模拟预测、水环境管控分区划定的技术路径、环境管控单元划定的技术路线与尺度、生态环境准入清单的针对性要求等方面，尚存在一定的争议与不足，各省（市）在具体处理过程中的处理模式不尽相同，导致成果形式、深度在省（市）之间尚存在一定的差异性。

二是各省（市）“三线一单”普遍忽视对区域性、流域性问题

的关注。各省（市）在“三线一单”编制过程中，在区域间生态环境系统维护、区域间大气环境传输影响分析、流域间水环境上下游关系分析等方面，存在较明显的欠缺。导致相邻省（市）生态空间划定面积比例差异大、水环境控制单元划分精细度不协调、水环境管控分区成果差异大、大气环境管控分区划定未考虑区域间影响等问题突出。

三是生态环境准入清单针对性相对较弱，逻辑性、系统性有待提升。各省（市）普遍存在“三线”与“一单”两张皮，“一单”难以体现“生态环境功能—主要问题—质量目标—解决方案”的逻辑性和系统性；同时，也存在生态环境准入清单大部分基于现行法律法规、管理文件以及其他部门的产业准入要求，清单的内容相对原则，不能较好地体现因地制宜、差异化的管理要求。

5.1.5 结论与建议

“三线一单”是生态环境部一项重点工作。实施“三线一单”、构建生态环境分区管控体系，是积极落实党中央生态文明建设与生态环境保护决策部署的重要举措。

建议长江经济带沿江 11 省（市）及青海省加快推动“三线一单”

编制工作，将其作为长江经济带地区加强生态文明建设和生态环境保护的一项基础性工作。通过编制并实施“三线一单”，构建好覆盖全域的生态环境分区管控体系，树立好长江经济带生态环境保护的“规矩观”，扭转生态环境保护在经济社会发展综合决策中从属、被动局面，改变环保部门在自然生态管理方面基础较为薄弱的状况。

建议生态环境部进一步加大技术支持力度，攻坚克难，破解当前技术难点。同时，衔接好“三线一单”与当前大气、水、土壤等要素管理的关系，协调好与自然资源部、国家发展改革委之间的关系，提前谋划“三线一单”的管理应用出口，为长江经济带沿江11 省（市）及青海省政府落实长江经济带“共抓大保护、不搞大开发”做好制度保障。

5.2 生态保护红线划定情况

5.2.1 划定结果

（1）总体划定情况

2018 年 2 月，国务院批准了京津冀、长江经济带和宁夏共 15 省（区、市）的生态保护红线划定方案。截至 2018 年上半年，15 省（区、市）的生态保护红线划定方案均已发布实施。

长江经济带沿江 11 省（市）的生态保护红线（陆域）面积约 51.8 万 km^2，约占 11 省（市）国土面积的 1/4，四川省、云南省的生态保护红线面积比例均达到 30%以上，各省（市）具体面积比例见表 5-1。

表 5-1 长江经济带 11 省（市）生态保护红线面积

省/市	生态保护红线面积/km^2			生态保护红线占国土面积比例/%
	陆域	海域	小计	
上海	89.11	1 993.58	2 082.69	—
江苏	8 474.27	9 676.07	18 150.34	13.14
浙江	24 800	14 100	38 900	26.25
安徽	21 233.32	—	21 233.32	15.15
江西	46 876	—	46 876	28.06
湖北	41 500	—	41 500	22.30
湖南	42 800	—	42 800	20.23
重庆	20 400	—	20 400	24.82
四川	148 000	—	148 000	30.45
贵州	45 900.76	—	45 900.76	26.06
云南	118 400	—	118 400	30.09

注：数据来源于各省（市）发布信息。

从类型上看，长江经济带沿江省份划定的生态保护红线功能类型较为全面、丰富，除水源涵养、生物多样性保护、水土保持、洪水调蓄、防止水土流失和石漠化外，涉海省份还有海岸生态稳定带、特别保护海岛红线、重要滨海湿地红线、重要渔业资源红线和自然岸线等。

（2）分省（市）划定情况

上海市人民政府于 2018 年 8 月 10 日发布《关于发布上海市生态保护红线的通知》，公布上海市生态保护红线总面积 2 082.69 km^2。其中，陆域面积 89.11 km^2、长江河口及海域面积 1 993.58 km^2。主要包括生物多样性保护红线、水源涵养红线、特别保护海岛红线、重要滨海湿地红线、重要渔业资源红线和自然岸线 6 种生态功能，构成了“一片多点”的空间格局。“一片”为沿江沿海呈片状集中分布的自然保护区、重要湿地与饮用水水源保护区；“多点”为陆域呈点状分布的森林公园、生物栖息地等区域。

江苏省人民政府于 2018 年 6 月 9 日发布《关于印发江苏省国家级生态保护红线规划的通知》，公布全省生态保护红线区域总面积为 18 150.34 km^2，占全省陆海统筹国土总面积的 13.14%。其中陆域生态保护红线区域面积 8 474.27 km^2，占全省陆域国土面积的 8.21%；

海洋生态保护红线区域面积 9 676.07 km^2，占全省管辖海域面积的27.83%。陆域生态保护红线主要包括水源涵养、生物多样性保护、水土保持 3 种生态功能，构成了“一横两纵三区”的空间格局。“一横”为长江及其岸线，“两纵”为京杭大运河沿线和近岸海域，“三区”为苏南丘陵区、江淮湖荡区和淮北丘岗区。海洋生态保护红线主要包括自然保护区、海洋特别保护区、重要河口生态系统、重要滨海湿地、重要渔业海域、特殊保护海岛、重要滨海旅游区、重要砂质岸线及邻近海域等 8 种类型，均沿海分布。

浙江省人民政府于 2018 年 7 月 20 日发布《关于发布浙江省生态保护红线的通知》，公布全省生态保护红线总面积 3.89 万 km^2，占全省国土面积和管辖海域面积的 26.19%。其中陆域生态保护红线面积为 2.48 万 km^2，占陆域国土面积的 23.82%；海洋生态保护红线面积为 1.41 万 km^2，占管辖海域面积的 31.72%。主要包括水源涵养、生物多样性保护、水土保持、海岸生态稳定带等类型，构成了“三区一带多点”的空间分布格局。“三区”为浙西南山地丘陵生物多样性保护和水源涵养区、浙西北丘陵山地水源涵养和生物多样性保护区、浙中东丘陵水土保持和水源涵养区，主要生态功能为生物多样性保护、水源涵养和水土保持。“一带”为浙东近海生物多样性保护与海岸生态稳定带，主要生态功能为生物多样性保护。“多点”为部分省级以上禁止开发区域及其他保护地，具有水源涵养和生物多样性保护等功能。

安徽省人民政府于 2018 年 6 月 27 日发布《关于发布安徽省生态保护红线的通知》，公布安徽省生态保护红线总面积为 21 233.32 km^2，占全省国土总面积的 15.15%。主要包括水源涵养、生物多样性保护和水土保持 3 类生态功能，构成了“两屏两轴”的空间格局。“两屏”为皖西山地生态屏障和皖南山地丘陵生态屏障，主要生态功能为水源涵养、水土保持与生物多样性保护；“两轴”为长江干流及沿江湿地生态廊道、淮河干流及沿淮湿地生态廊道，主要生态功能为湿地生物多样性保护。

江西省人民政府于 2018 年 6 月 30 日发布《关于发布江西省生态保护红线的通知》，公布江西省生态保护红线划定面积为 46 876 km^2，占国土面积比例为 28.06%。主要包括水源涵养、生物多样性保护和水土保持 3 类生态功能，构成了“一湖五河三屏”的空间分布基本格局，“一湖”为鄱阳湖（主要包括鄱阳湖、南矶山等自然保护区），主要生态功能为生物多样性保护；“五河”指赣、抚、信、饶、修五河源头区及重要水域，主要生态功能为水源涵养；“三屏”为赣东—

赣东北山地森林生态屏障（包括怀玉山、武夷山脉、雩山）、赣西—赣西北山地森林生态屏障（包括罗霄山脉、九岭山）和赣南山地森林生态屏障（包括南岭山地、九连山），主要生态功能为生物多样性保护和水源涵养。

湖北省人民政府于 2018 年 7 月 25 日发布《关于发布湖北省生态保护红线的通知》，公布湖北省生态保护红线总面积 4.15 万 km^2，占全省国土面积的 22.3%。主要包括水源涵养、生物多样性保护、水土保持、洪水调蓄 4 类生态功能，构成了“四屏三江一区”的基本格局。“四屏”指鄂西南武陵山区、鄂西北秦巴山区、鄂东南幕阜山区、鄂东北大别山区 4 个生态屏障，主要生态功能为水源涵养、生物多样性保护和水土保持；“三江”指长江、汉江和清江干流的重要水域及岸线；“一区”指以江汉平原为主的重要湖泊湿地，主要生态功能为生物多样性保护和洪水调蓄。

湖南省人民政府于 2018 年 7 月 25 日发布《关于印发湖南省生态保护红线的通知》，公布湖南省生态保护红线划定面积为 4.28 万 km^2，占国土面积的 20.23%。主要包括水源涵养、生物多样性保护、水土保持和洪水调蓄 4 类生态功能，构成了“一湖三山四水”的空间格局。“一湖”为洞庭湖（主要包括东洞庭湖、南洞庭湖、横岭湖、西洞庭湖等自然保护区和长江岸线），主要生态功能为生物多样性保护、洪水调蓄。“三山”包括武陵—雪峰山脉生态屏障，主要生态功能为生物多样性保护与水土保持；罗霄—幕阜山脉生态屏障，主要生态功能为生物多样性保护、水源涵养和水土保持；南岭山脉生态屏障，主要生态功能为水源涵养和生物多样性保护，其中南岭山脉生态屏障是南方丘陵山地带的重要组成部分。“四水”为湘、资、沅、澧（湘江、资水、沅江、澧水）的源头区及重要水域。

重庆市人民政府于 2018 年 7 月 25 日发布《关于发布重庆市生态保护红线的通知》，公布重庆市生态保护红线面积 2.04 万 km^2，占全市国土面积的 24.82%。主要包括水源涵养、生物多样性保护、水土保持、防止水土流失和石漠化 5 类生态功能，构成了“四屏三带多点”的空间格局。“四屏”为大巴山、大娄山、华蓥山、武陵山四大山系，“三带”为长江、嘉陵江、乌江三大水系，“多点”为自然保护区、森林公园、风景名胜区等各级各类保护地。

四川省人民政府于 2018 年 7 月 20 日发布《关于发布四川省生态保护红线方案的通知》，公布四川省生态保护红线面积为 14.8 万 km^2，占全省国土面积的 30.45%。主要包括水源涵养、生物多样性保护、水土保持、防止水土流失和石漠化 5 类生态功能，构成了“四轴九核”

的空间格局。“四轴”指大巴山、金沙江下游干热河谷、川东南山地以及盆中丘陵区，呈带状分布；“九核”指若尔盖湿地（黄河源）、雅砻江源、大渡河源以及大雪山、沙鲁里山、岷山、邛崃山、凉山—相岭、锦屏山，以水系、山系为骨架集中成片分布。

贵州省人民政府于 2018 年 6 月 27 日发布《关于发布贵州省生态保护红线的通知》，公布贵州省共划定生态保护红线面积为 45 900.76 km^2，占全省国土面积的 26.06%。主要包括水源涵养、生物多样性保护、水土保持、防止水土流失和石漠化 5 类生态功能，构成了“一区三带多点”的空间格局。“一区”即武陵山—月亮山区，主要生态功能为生物多样性保护和水源涵养；“三带”即乌蒙山—苗岭、大娄山—赤水河中上游生态带和南盘江—红水河流域生态带，主要生态功能为水源涵养、水土保持和生物多样性保护；“多点”即各类点状分布的禁止开发区域和其他保护地。

云南省人民政府于 2018 年 6 月 29 日发布《关于印发云南省生态保护红线的通知》，公布云南省生态保护红线面积 11.84 万 km^2，占全国土面积的 30.90%。包括生物多样性保护、水源涵养、水土保持 3 类生态功能，构成了“三屏两带”的空间基本格局。“三屏”指的是青藏高原南缘滇西北高山峡谷生态屏障、哀牢山—无量山山地生态屏障和南部边境热带森林生态屏障；“两带”指的是金沙江、澜沧江、红河干热河谷地带和东南部喀斯特地带。

5.2.2 管控措施

生态保护红线原则上按禁止开发区域的要求进行管理。遵循“生态优先、严格管控、奖惩并重”的原则，严禁不符合主体功能定位的各类开发活动。根据主导生态功能定位，实施差别化管理，确保生态保护红线生态功能不降低、面积不减少、性质不改变。

功能不降低。生态保护红线内的自然生态系统结构保持相对稳定，退化生态系统功能不断改善，质量不断提升。

面积不减少。生态保护红线边界保持相对固定，生态保护红线面积只能增加，不能减少。

性质不改变。严格实施生态保护红线国土空间用途管制，严禁随意改变用地性质。

6

长江保护修复攻坚战情况

6.1 攻坚战方案编制过程

2015 年，国务院印发《水污染防治行动计划》，提出到 2020 年，长江总体水质达到优良。2016 年，国家发展和改革委员会牵头编制实施《长江经济带发展规划纲要》，明确了长江经济带生态优先、绿色发展的总体战略。2017 年，环境保护部联合国家发展改革委、水利部印发了《长江经济带生态环境保护规划》，提出长江经济带生态环境保护领域的具体要求措施。近年来，长江经济带生态环境保护已初见成效，水环境质量保持了持续改善的势头，但仍存在生态空间管控薄弱、污染源治理能力不足、生态受损现象比较普遍、水环境风险隐患较多等问题。

党中央、国务院高度重视长江保护修复工作。2018 年 4 月 2 日，中央财经委员会第一次会议提出打好长江保护修复攻坚战，确保 3 年时间明显见效。习近平总书记在武汉主持召开深入推动长江经济带发展座谈会上强调，要坚持新发展理念，坚持稳中求进工作总基调，加强改革创新、战略统筹、规划引导，使长江经济带成为引领我国经济高质量发展的生力军。李克强总理在 2018 年政府工作报告中指出，要以生态优先、绿色发展为引领推进长江经济带发展。韩正副总理指出，要深刻认识“共抓大保护、不搞大开发”的重大意义，突出工作重点，以持续改善长江水质为中心，扎实推进水污染治理、水生态修复、水资源保护“三水共治”。中共中央 国务院《关于全面加强生态环境保护 坚决打好污染防治攻坚战的意见》明确提出，到 2020 年，长江流域基本消除劣Ⅴ类水体。

按照中央财经委员会第一次会议和全国生态环境保护大会关于打好污染防治攻坚战的战略部署，为深入贯彻习近平生态文明思想以及习近平总书记关于深入推动长江经济带发展的重要讲话精神、着力解决当前长江面临的突出生态环境问题，生态环境部牵头编制了《长江保护修复攻坚战行动计划》（以下简称《行动计划》），近期即将发布实施。

《行动计划》以习近平新时代中国特色社会主义思想为指导，全面贯彻落实党的十九大精神，深入贯彻习近平生态文明思想和习近平总书记关于深入推动长江经济带发展的重要讲话精神，力求突出以下三个方面：一是系统性和整体性，在共抓长江大保护的格局下，坚决遏制无序开发，突出与已有规划计划以及正在开展的饮用水水源地环境保护、黑臭水体治理、农业农村污染治理、“绿盾”和“清废”等专项行动的衔接；二是紧迫性和针对性，梳理长江突出生态环境问题并设计解决方案，有所为有所不为，体现攻坚克难的决心；三是时效性和可操作性，确保各项任务措施能在不到三年的时间内落地实施并取得成效。

6.2 攻坚战方案总体内容

《行动计划》明确提出，通过攻坚，长江干流、主要支流及重点湖库湿地生态功能得到有效保护，生态用水需求得到基本保障，生态环境风险得到有效遏制，生态环境质量持续改善。

到 2020 年年底，长江流域水质优良（达到或优于III类）的国控断面（点位）比例达到 85%以上，丧失使用功能（劣于V类）的国控断面（点位）比例低于 2%；地级及以上城市建成区黑臭水体控制比例小于 10%；地级及以上城市集中式饮用水水源水质达到或优于III类比例高于 97%。

《行动计划》本着突破重点、带动全局的思路，将长江干流、主要支流及重点湖库作为重点区域范围，其中长江干流为四川省宜宾市至入海口江段；主要支流包含金沙江、岷江、沱江、赤水河、嘉陵江、乌江、清江、汉江等河流；重点湖库包含洞庭湖、鄱阳湖、巢湖、太湖、滇池、丹江口、洱海等 7 个湖库。

主要内容：

第一条是强化生态环境空间管控，严守生态保护红线。坚持以山水林田湖草为有机整体，通过强化“三线一单”硬约束和实施流域控制单元精细化管理等措施，严守生态保护红线，坚决遏制沿河环湖各类无序开发活动。

第二条是综合整治排污口，推进水陆统一监管。通过排查、整治、规范设置等措施，建立水陆统筹、以水定岸的排污口监管体系。按照“取缔一批、清理一批、规范一批”的思路，进一步深化开展排污口清理整治专项行动。2020 年年底前，基本完成长江主要支流两岸及重点湖库周边的排污口清理整治工作，基本建成长江排污口监测体系并开展监测工作，实现规模以上排污口自动监测全覆盖。

第三条是加强工业污染治理，有效防范生态环境风险。在优化产业结构布局方面，加快重污染企业搬迁改造或关闭退出，严禁污染产业、企业向长江中上游地区转移。在规范工业园区环境管理方面，依法清理取缔园区内不符合产业政策、严重污染环境的生产项目。在强化工业企业达标排放方面，针对造纸、焦化、氮肥等十大重点行业，实施清洁化改造；并以磷化工行业为重点，集中实施专项整治。在加强固体废物规范化管理方面，实施“清废”专项行动，持续深入推动长江固体废物大排查。在严格环境风险源头防控方面，开展长江生态隐患和环境风险调查评估，划定高风险区域，全部拆除饮用水水源保护区、自然保护区核心区及缓冲区内已有的各类生产设施以及危化品、石油类泊位。

第四条是持续改善农村人居环境，遏制农业面源污染趋势。一是加快推进美丽宜居村庄建设，2020 年年底前，基本实现农村生活垃圾处置体系全覆盖，农村生活污水治理率明显提高。二是实施化肥、农药施用量负增长行动，2020 年年底前，化肥利用率提高到 40%以上，测土配方施肥技术推广覆盖率达到 93%以上，鄱阳湖和洞庭湖周边地区化肥、农药施用量减少 10%以上。三是着力解决养殖业污染，推进畜禽粪污资源化利用和渔业绿色发展，2020 年年底前，所有规模养殖场粪污处理设施装备配套率达到 95%以上，长江经济带禁捕区实现全面禁捕。

第五条是补齐环境基础设施短板，保障饮用水水源水质安全。一是加强饮用水水源保护，全面推进饮用水水源地环境保护专项行动，2020 年年底前，城市饮用水水源规范化建设比例达到 60%以上，乡镇级及以上集中式饮用水水源保护区划定工作基本完成。二是实现城镇污水全收集、全处理，以黑臭水体整治倒逼生活污水收集处理设施建设，推进老旧污水管网改造和破损修复，2020 年年底前，实现沿江城镇污水全收集、全处理，所有县城、城市污水处理率分别达到 85%左右、95%左右。三是全力推进垃圾收集转运及处理处置，2020 年年底前，完成城市水体蓝线范围内的非正规垃圾堆放点整治，实现沿江城镇垃圾全收集、全处理。

第六条是加强航运污染防治，防范船舶港口环境风险。一是深入推进非法码头整治，巩固长江干线非法码头整治成果，研究建立监督管理长效机制。二是完善港口码头环境基础设施，推进生活污水、垃圾、含油污水、化学品洗舱水接收设施建设，加快港口码头岸电设施建设。三是加强船舶污染防治及风险管控，严格执行《船舶水污染物排放控制标准》，加快淘汰不符合标准要求的高污染、高能耗、老旧落后船舶，推进不达标船舶升级改造。

第七条是优化水资源配置，有效保障生态用水需求。实行用水总量、强度双控，2020 年年底前，长江经济带用水总量控制在 2 922.19 亿 m^3 以内；万元工业增加值用水量比 2015 年下降 25%以上。严格控制长江干流及主要支流小水电、引水式水电开发，2020 年年底前，完成小水电清理整顿工作并同步实施生态修复。实施上中游水库群联合调度，增加枯水期下泄流量，确保生态用水比例只增不减。

第八条是强化生态系统管护，严厉打击生态破坏行为。一是严格岸线保护修复，深入落实河（湖）长制制度，针对突出问题，开展专项整治行动，严厉打击筑坝围堰等违法违规行为，2020 年年底前，全面完成岸线修复工作；二是严禁非法采砂，组织开展跨部门联合监督检查和执法专项行动，2020 年年底前，全面建立长江干流及主要支流非法采砂跨区域联动执法机制。三是实施生态保护修复，开展长江生态环境大普查，摸清资源环境本底情况，开展湿地保护与修复工作。

7

长江经济带宜居城乡环境建设研究

7.1 长江经济带大气污染防治研究

环保公益项目课题《空气质量分区管理目标与规划》对长三角地区大气污染防治对策进行了研究。

7.1.1 总体战略

长三角区域复合型大气污染十分突出，应强化 $PM_{2.5}$ 和 O_3 协同控制，全面推进产业结构、能源结构、运输结构和用地结构调整优化；深入实施“散乱污”企业综合整治，压减化工、钢铁、建材等过剩产能，加快燃煤和生物质锅炉淘汰整治，推进城市建成区散煤清零，持续开展工业企业治污设施提标改造，加强船舶和港口污染防治，严厉打击黑加油站点，实施 VOCs、工业炉窑、柴油货车专项行动。

7.1.2 主要目标

到 2020 年，坚决打赢蓝天保卫战，区域 $PM_{2.5}$ 平均浓度持续下降，达到 40 μg/m^3，力争实现长江以南 23 个城市 $PM_{2.5}$ 达标，O_3 恶化的趋势得到遏制，基本消除重污染天气。

到 2025 年，区域 $PM_{2.5}$ 平均浓度持续下降，达到 36 μg/m^3，长江以南城市 $PM_{2.5}$ 稳定达标，O_3 峰值浓度有所下降。

到 2030 年，区域 $PM_{2.5}$ 平均浓度达到 35 μg/m^3，上海市、江苏省、浙江省所有城市 $PM_{2.5}$ 达标，O_3 浓度持续下降。

到 2035 年，区域 $PM_{2.5}$ 平均浓度达到 25 μg/m^3，O_3 浓度持续下降。

7.1.3 重点任务

（1）**落实区域空间管控，结合问题开展分区施策**

根据污染物超标情况，以及污染传输和集聚特点，在长三角地区划定 4 个分区空间管控范围，开展分区施策。**超大型城市和省会城市**，针对社会经济发展程度高，产业、交通和人口高度密集，大气污染排放密度高，大气 $PM_{2.5}$、NO_2 普遍超标的特征，对上海市及三省的省会城市（南京市、杭州市、合肥市）全面严化大气污染控制要求。**沿杭州湾地区**，针对石化化工聚集、交通发达、O_3 高值集中的特征，对环杭州湾地区浙江省 5 市（嘉兴市、湖州市、绍兴市、宁波市、舟山市）加强管控，全面实施 VOCs 深化治理和监管。**沿江中部地区**，针对产业、交通高度密集、资源环境严重超载，大气 $PM_{2.5}$ 普遍超标、O_3 污染日益凸显的特征，对江苏省沿江 7 市（苏州市、常州市、无锡市、南通市、镇江市、扬州市、泰州市）、安徽省沿江 4 市（马鞍山市、芜湖市、宣城市、滁州市）加强管控，降低大气污染排放强度。**长三角北部地区**，针对煤烟型污染尚未消除的特征，对江苏省 5 市（盐城市、淮安市、宿迁市、连云港市、徐州市）、安徽省 6 市（淮南市、淮北市、宿州市、阜阳市、亳州市、蚌埠市）重点加强燃煤和粗颗粒大气污染防控。

（2）构建清洁能源体系

实施区域能源消费总量和煤炭消费总量双控，严格控制能源消费总量，大力削减煤炭消费总量。禁止新建燃煤自备电厂，耗煤项目全面实施煤炭等量或减量替代，煤炭集中用于发电、集中供热、钢铁和化工行业工业原料。到 2020 年，江浙沪两省一市煤炭占能源消费总量比重降至 55%以下，电煤占煤炭消费量比重提高到 60%以上，天然气比重提高到 10%左右；安徽省煤炭占能源消费比重降低到 75%左右，电煤占煤炭消费量比重提高到 55%左右，天然气占能源消费比重提高到 5.9%。优先消纳水电、风电、光伏等清洁能源，提高可再生能源消费占比。进一步提高工业能源利用效率和清洁化水平，电力、钢铁、有色、建材、石化、化工等重点耗能行业能源利用效率达到或接近世界先进水平。

（3）深化产业结构调整

积极推进煤炭、钢铁、水泥、平板玻璃等产能过剩行业实行产能减量置换。进一步推进钢铁行业转型升级和达标改造，按期达到国家特别排放限值。进一步优化产业布局，腹地人口密集区域石化企业向沿海石化产业基地内转移，降低人口高度密集区域的环境风险。加快城市建成区内石化企业的搬迁改造。淘汰污染重、能耗高、规模小、效益差的落后生产工艺、技术装备和产品，无法稳定达标的化工企业限期整改或关停，强化化工行业挥发性有机物污染综合治理。区域内化工企业数量、主要污染物排放总量大幅减少。到 2020 年，上海市石化化工、涂料、油墨等行业 VOCs 排放量较 2015 年削减 50%以上。浙江省农药、医药、合成树脂、化纤、橡胶和塑料制品制造等化工行业 VOCs 排放量减少30%以上。江苏省化工企业数量大幅减少，化工行业主要污染物排放总量大幅减少，化工园区内化工企业数量占全省化工企业总数的50%以上。

（4）**实施清洁汽柴油机行动**

构筑便捷公共交通体系，遏制机动车总量过快增长。建立车辆排放-油品质量一体化标准体系，推进实施机动车国Ⅵ排放标准，长三角区域腹地重点城市在确保油品供应充足的情况下，适时提前实施轻型汽油车国Ⅵ排放标准。同步加严油品质量标准，力争提前供应国Ⅵ标准车用汽柴油。同步提升普柴至硫含量≤10 mg/kg。推行区域道路机动车和非道路移动源管理，完善长三角区域机动车共享平台建设，将长三角各城市高污染车辆基本信息纳入统一的信息平台。加速高污染车辆、未达到排放要求的老旧非道路移动机械淘汰，加强内河船舶排放监管。深化船舶排放控制区管理，力争提前实施船舶驶入排放控制区使用硫质量分数不大于 0.5%的燃油，鼓励使用硫质量分数不大于0.1%的燃油。鼓励现有船舶采用动力系统整体升级方式改用 LNG 清洁燃料和新建 LNG 燃料动力船舶。大力推进船用 LNG 加注站建设，为 LNG 动力船便捷加注创造条件。积极推进靠港船舶优先使用岸电。

（5）**全面强化 VOCs 排放控制**

实施基于区域环境质量达标的城市重点行业污染物总量控制。严格控制涉 VOCs 排放行业新建项目，对新增 VOCs 排放项目实施倍量或减量替代。大力推进石化行业 VOCs 达标排放治理。通过进一步严化 LDAR 标准、加强生产全过程管控、安装在线监测设备和末端治理，促使石化行业VOCs大幅度减排，VOCs控制由末端治理向源头防控转变，在印刷包装以及集装箱、交通工具、机械设备、人造板、家具、船舶制造等行业，全面推进使用低 VOCs 含量的油墨、涂料、胶黏剂。研究区域统一的涂料、油墨、胶黏剂、清洗剂等有机溶剂产品、建筑涂料、汽修行业涂料 VOCs 含量限值标准。全面加强油品储、运、销油气回收治理。

（6）实施季节性污染排放调控

实施城市群重点排放行业冬季（11 月—次年 2 月）强化减排，按照污染排放绩效水平，研究制定钢铁、建材、电解铝、化工等重点行业企业错峰生产方案，结合排污许可证的发放，将重点行业冬季污染物排放控制在全年平均排放水平的 70%以下。探索夏秋季 O_3 污染调控，根据 O_3 前体物传输规律和 O_3 污染特征，重点城市研究夏季（6—8 月）涉 O_3 污染主要行业错峰生产、临时性强化减排方案。

7.2 长江经济带土壤污染防治研究

为改善长江经济带土壤环境质量，各省（市）积极开展受污染耕地安全利用和修复、污染地块风险管控和修复等技术研究。

7.2.1 受污染耕地安全利用和修复技术研究

江苏省围绕耕地重金属污染治理过程中急需解决的关键技术研发及其工程示范这一主线，开展“耕地重金属污染监控与修复关键技术创新及工程示范”项目研究，采用“产—学—研—用”联合攻关形式，从重金属污染变化预警、土壤镉等生物有效性分析、区域重金属污染健康风险评价、快速修复技术研制等 4 个方面，探索典型地区耕地污染修复示范工作。

浙江省公益技术研究项目“重金属污染土壤的植物组合定向修复模式研究”，针对富阳区典型选矿厂尾矿堆积区以及重金属污染农田，提出木本—草本植物组合定向修复模式，筛选出一些珍贵速生以及彩叶树种。在开展植物修复的同时，在景观价值、经济价值方面也有了一定提升，提高了重金属污染土壤的使用价值，项目所形成的技术对提升浙江省“绿色发展”具有重要意义。

重庆市针对国内农田修复忽视污染源治理、施用化学药剂破坏土壤结构、采用超富集植物修复周期长且后续难以处置等一系列问题，集成固体废物处理技术和污水处理技术控制污染源，根据农田污染情况和土壤特性，研究低富集农作物/经济作物筛选与应用，改进植物提取、农艺调控、土壤调理、叶面阻隔等技术，开发微生物修复技术，并探索这些技术在实际修复中的联合应用，获得最佳的修复效果及适用性。

江西省发布《江西省（大气、水、土壤）污染防治先进适用技术指导目录》，包含土壤重金属污染钝化/稳定化修复技术、农田土壤重金属污染地球化学工程修复技术等11项土壤污染防治技术。

7.2.2 污染地块风险管控和修复技术研究

上海市整合污染场地修复领域的相关资源，成立污染场地修复工程技术研究中心，已研发了重金属污染稳定化/固化技术、挥发性有机污染土壤强化气相抽提技术、半挥发性有机污染土壤生物堆处理技术、有机物复合污染土壤高级氧化技术、已扩散性溶剂污染场地多相抽提技术等多项关键修复技术，及其相关的试剂材料与工程机械装备。目前正在研发重金属污染土壤淋洗、有机污染土壤原位热处理、有机污染土壤原位化学氧化/还原、有机污染土壤原位强化生物修复、高浓度有机污染土壤异位热解析及零价铁修复等关键技术。

重庆市成立土壤污染控制与修复工程技术研究中心，立足于重庆市污染场地修复领域，开展有机物、重金属及复合污染物的污染场地修复研究，为污染土壤修复提供技术支持。

附图

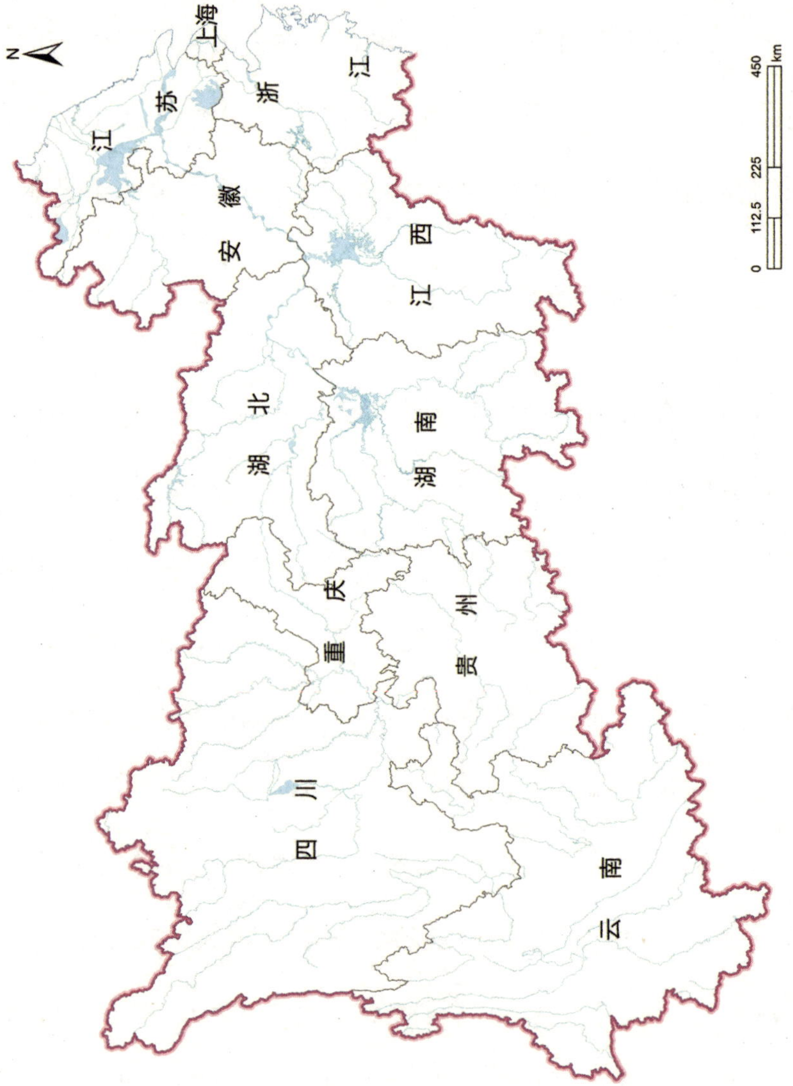

附图 1 长江经济带水系图

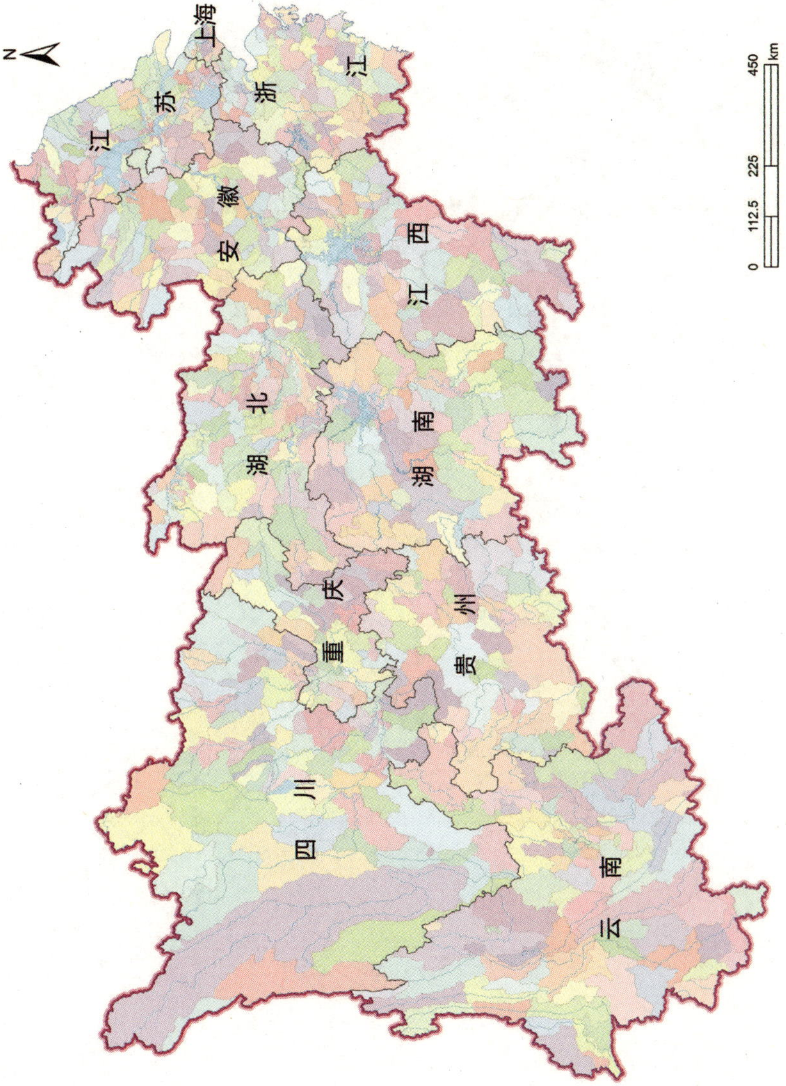

附图 2　长江经济带流域控制单元图

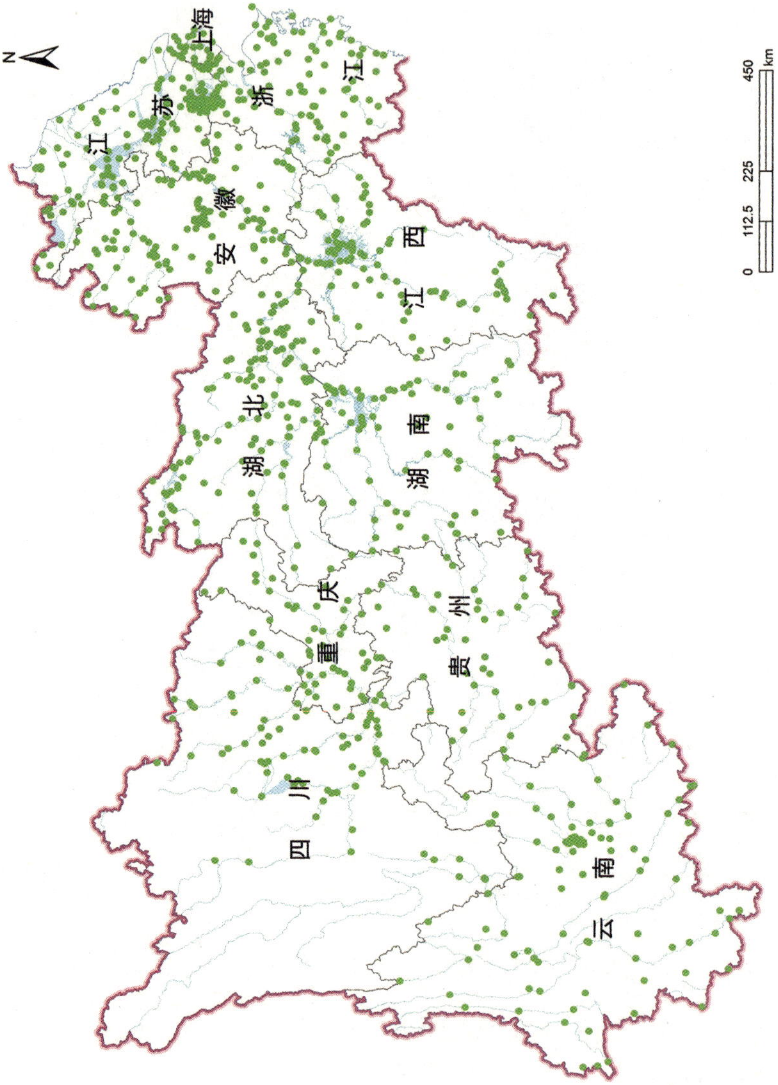

附图 3　长江经济带国控监测点位图